汾河太原段浮游植物群落
多样性及碳动态过程的研究

杨 静 著

U0195550

海洋出版社

2024 年 · 北京

图书在版编目（CIP）数据

汾河太原段浮游植物群落多样性及碳动态过程的研究 /
杨静著 . -- 北京：海洋出版社，2024.8. -- ISBN 978-
7-5210-1293-4

Ⅰ. Q948.884.2

中国国家版本馆 CIP 数据核字第 202425M2C6 号

责任编辑：高朝君

助理编辑：吕宇波

责任印制：安　森

海洋出版社　出版发行

http://www.oceanpress.com.cn

北京市海淀区大慧寺路 8 号　邮编：100081

涿州市般润文化传播有限公司印刷　新华书店经销

2024 年 8 月第 1 版　2024 年 8 月第 1 次印刷

开本：710mm×1000mm　1/16　印张：8.25

字数：140 千字　定价：78.00 元

发行部：010-62100090　总编室：010-62100034

海洋版图书印、装错误可随时退换

前　言

随着全球城市化的不断发展，城市水体在推动国民经济与社会可持续发展方面发挥着至关重要的作用，但在该类水体中元素生物地球化学循环方面的研究仍处于薄弱阶段。汾河是山西省境内最大的河流，贯穿省内的 6 个地级市 40 个县（市、区）。太原市城区总面积约 1 454.86 km²，位于整个汾河流域中段，由北向南以条带状扩张为主。汾河因接收沿岸排放的各类废水，水体中的浮游植物及水质状况不断发生变化。因此，本研究以汾河太原段为主体，对该区域的浮游植物群落多样性及碳、氮生源要素的生物地球化学过程进行研究，以期为城市河流的水质和生态修复提供基础依据，从而促进城市河流的可持续健康发展。

本书共包括 5 章内容，第 1 章主要介绍汾河太原段自然地理特征、现状及碳循环国内外研究现状，提出了本书的主要研究内容。第 2 章主要介绍汾河太原段浮游植物群落多样性特征及环境影响因素，利用分子生物学技术共鉴定出 5 门、16 纲、39 目、89 科、244 属、330 种，溶解性有机碳与亚硝态氮是驱动浮游植物多样性最为显著的变量。第 3 章分析汾河太原段初级生产力的时空变化规律及环境驱动因素，结果表明，平水期的初级生产力高于丰水期，且有机物为主要驱动因素。第 4 章进一步解析这些溶解性有机物的来源及影响因素，表明有机物主要成分为类酪氨酸物质、类色氨酸物质及类富里酸物质。第 5 章介绍汾河太原段水化学类型主要为 $SO_4^{2-} \cdot Cl^- - Na^+$ 类型，地表水化学组分主要受岩石风化作用（即硅酸盐岩风化作用）的控制，与无机碳浓缩机制共同促进了汾河流域的碳汇过程。本书研究成果有助于理解和预测未来碳动态与气候、环境演变的关系，为汾河流域的可持续健康发展提供科学支撑，也为其他城市河流富营养化的污染治理提供一定的技术参考。

本书的编写得到太原市汾河景区管理委员会有关领导，山西大学谢树莲、冯佳、刘琪、吕俊平、刘旭东、南芳茹、刘洋，运城学院李新、孙元琳及王传旭等的鼓励与支持。本书的出版得到城市河流中基于功能基因的浮游植物碳循环分子机制研究项目（202203021211313）、山西省高等学校优秀成果培育项目（2020KJ029）、运城盐湖生态保护与资源利用厅市共建山西省重点实验室嗜盐微生物资源利用山西省科技创新人才团队项目（202204051001035）、山西省运城盐湖保护利用研究院运城盐湖特色藻类耐盐基因资源挖掘及资源利用项目（YHYJ-2023003）、山西省基础研究计划青年基金（自由探索类）——运城盐湖特殊生境藻类资源发掘与利用项目（202303021222246）、山西省服务产业创新学科群（特色农产品发展）项目、博士来晋专项（QZX-2023005）经费的资助。

　　本书疏漏之处在所难免，祈望读者不吝赐教。

目　录

第1章 汾河太原段及浮游植物研究概述

1.1 城市水体生态系统概述

自 20 世纪 80 年代以来，我国快速步入了城市化时期，城镇建成区域面积由 2009 年的 38 107.26 km^2 上升到 2020 年的 60 721.32 km^2，城镇人口比重由 1978 年的 17.9% 上升到 2021 年的 64.72%（截至 2021 年年末）[1]。大多数城市均形成了面积大小不一、各具特色的河流与湖泊，这些水域不仅为城市居民生活和生产提供了所需的水资源，而且在调节气候、改善空气质量和维护生物多样性方面发挥着至关重要的作用。据统计，虽然地球上的水资源储量高达 14×10^9 km^3，但淡水资源仅占 2.53%[2]，造成地表水人均占有量严重缺乏。

1.1.1 城市水体生态系统的特征与功能

随着我国城市化进程的加快，大量工业、企业进入城市边缘区进行工业生产活动，使这些区域产生了大量的工业废水、城市污水及垃圾渗滤液，给该地区的水环境质量造成了较大的污染威胁。因此，与郊区、农村等周边地区相比，城市水环境受人类生产活动的影响要大很多。此外，水体本身通常具有一定的污水承载能力和自净能力，但由于大多数地区利用控制进出水口的方式来保证城市水域的水量，造成其内部水体流动性差，进而影响城市水体的净化能力。

城市水体作为人类生存和发展的重要自然资源，具有不可替代的社会和经济

1

价值，不仅为居民提供生活用水和各行业用水，还起到保护和维持淡水生物多样性、城市蓄水和防洪，以及废水的处理和净化等多种功能。然而，在我国大多数城市地表水缺乏充足的天然水源供给，常通过人工引水的方式来保障水源的供给。因此，保护城市水资源对于水环境的改善尤为重要。

1.1.2　城市水体生态系统的现状

快速的城市化在给社会经济带来飞速增长的同时，也出现了一系列复杂的环境问题，如水文系统的变化、城市中气候（Mesoclimate）的变暖、生境的丧失、生物多样性的破坏，以及生物地球化学循环过程的转变[3]。其中，城市化主要通过改变河道形态、水质和水生生物组成，从而极大地影响水文系统。地表不透水面积的增加、管道雨水和污水的排放也会使水流动不稳定，造成水体污染和养分富集，成为城市水生态系统富营养化的主要驱动因素。而受污染的城市水体通常也会呈现较高水平的有机物、营养物质和浊度，以及较低的透明度和溶解氧[4]。这些属性均会阻碍天然水体的自净能力，导致水环境进一步恶化。

研究表明，许多发展中国家，由于缺少完备的污水收集和处理系统，其污水处理率可能低于50%，城市环境受到了严重的影响[5]。再加上工业废水处理成本高，经常发生未经批准私自排放高浓度工业废水的情况。近年来，随着"地球村""海绵城市"等概念的出现，人们更加认识到城市河流及湖泊的内在价值和保护城市水生态系统的必要性。目前，已有部分城市对水体采取了生态浮床、曝气、疏浚、人工湿地导流等保护措施。对于比较严重的富营养化城市湖泊，采取了去除底部沉积物和磷的原位钝化技术（Phosphorus in-situ inactivation）等修复措施[6]。但仍有大多数城市的湖泊、河流管理松散，缺乏有效的环境治理手段，污染物持续不合理排放，造成藻华现象频繁发生。因此，城市水体的污染问题已成为重点研究领域，也是众多以生态系统恢复和城市生态建设为核心的生态工程项目关注的重点。基于此，对城市水生生态系统的研究迫在眉睫。

1.2　汾河流域概况

1.2.1　汾河流域自然地理特征

汾河是山西省境内最大的河流,贯穿省内的 6 个地级市 40 个县(市、区),被誉为山西的"母亲河"。作为全省政治、经济、文化的重要地带,汾河流域的工业产值占整个山西省的 50% 以上。汾河流域面积近 $4×10^4$ km^2,约占全省国土总面积的 25.5%;水资源量达 $3.358×10^9$ m^3,约占全省水资源总量的 27.2%;海拔 377~2 700 m,全长约 700 km。该流域年平均降水量约 538.6 mm,蒸发量约 1 120 mm,7—9 月的降水量占全年总降水量的 72% 以上。

汾河的源头位于忻州宁武管涔山,其贯穿全省中部,自北至南覆盖太原、临汾两个盆地,在万荣县庙前村附近汇入黄河。山西东部多山,局部海拔超过 1 500 m,而中部则是厚度不均匀的黄土,在这里发现的一个独特的地质特征是黄土深达 350 m。此外,在山区还可以发现片麻岩、黑云母、花岗岩和变质岩。根据流域自然地形和行政区域进行划分,汾河流域可分为上游、中游、下游三段。上游段为汾河源头至兰村烈石口,河流长 217.6 km,流域面积 7 705 km^2,为暖温带北部生态气候区。中游段为兰村至洪洞县石滩,河道全长 266.9 km,流域面积 20 509 km^2,属于暖温带中部生态气候区。下游段为洪洞县石滩至入黄河口,河道全长 210.5 km,流域面积 11 276 km^2,属暖温带南部生态气候区。

作为全国的产煤大省,山西省煤炭资源十分丰富,占全国煤炭储量的 1/4,但煤炭的大规模开采导致了水土流失等环境问题,再加上工业污水和农业灌溉不断增加,径流量持续下降,流域水质不断恶化。据统计,全省 50% 以上的废水都排入汾河流域[7]。这些污染物一方面来自非点源污染,即通过地表径流的形式将残存的农药、化肥排入河道,导致水质显著下降;另一方面来自点源污染,主要为大量未经处理的居民生活污水、工业废水以及垃圾渗透液等。根据中国《地表水环境质量标准》(GB 3838—2002),汾河大部分断面水质已被划分为 V 类水质。这些环境问题引起大量学者的关注，并成为广泛研究的课题[8-9]。

1.2.2 汾河太原段现状

太原市作为山西的省会城市，主要为资源型城市，以能源、重工业、化工等产业为主，包括煤炭、冶金、机械、化工等支柱产业。太原市地处半干旱地区，平均海拔约 800 m 以上，属于温带大陆性季风气候，四季分明，干燥少雨。年平均降水量 456 mm，无霜期 149~190 天，结冰期 120 天左右。太原市人口大约有 450 万，水资源严重短缺。

太原城区总面积为 1 454.86 km^2，位于整个汾河流域中段，由北向南以条带状扩张为主。汾河接收沿岸排放的各类废水，使水体的污染程度大大超过了水体本身的自净能力，造成水质状况恶化。2011 年 8 月，太原市南内环桥、迎泽桥段暴发了大规模的蓝藻水华现象，水面污染长达数千米，引起了政府部门及学者们的高度重视。到目前为止，汾河太原河段每年都会出现包括蓝藻水华、裸藻水华在内的水华现象，且多集中在夏季和秋季。这主要是由于温度、光照、营养盐等一些适宜的自然环境为藻类提供了较好的生存基础，引起水华频繁暴发。太原市环境主管部门对该河段的监测结果同样表明，水体呈现中度富营养化状态[10]。

1.3 浮游植物群落的多样性

1.3.1 浮游植物概述

浮游植物也称浮游藻类，是指在水中营浮游生活的微小植物，且在大小、形状、颜色、新陈代谢类型和生活史特征上有着极大差异的多物种群。其个体微小，需借助显微镜进行观察，广泛分布于河流、湖泊、海洋等上层水域中。浮游植物群落是指生活在一定区域内所有藻类的集合，是藻类通过互惠、竞争等相互作用以适应其共同生存环境的结果。每个水生态系统中的浮游植物群落都有其特定的种类组成和结构特征，并且其群落结构、多样性及生物量在一定程度上受到外部环境条件的影响和调节。物理化学参数的任何变化，如光照条件、营养物质浓度、pH、水温以及浮游动物和食草动物的捕食均会引起水生生态系统中浮游植物群落的快速响应[11]。因此，浮游植物作为优良、高效的环境指示生物，不仅是水质监测和管理中的重要组成部分，也可以为生物地球化学循环的研究提供重要的信息和普遍的联系[12]。

胡鸿钧等[13]将藻类划分为 13 门，即蓝藻、绿藻、硅藻、原绿藻、定鞭藻、褐藻、金藻、甲藻、隐藻、红藻、灰色藻、黄藻、裸藻，各个门类的浮游植物种类繁多，对生境的要求也千差万别，使不同水生态系统之间浮游植物群落的多样性及生物量呈现极大的差异。城市化驱动的地表径流增加和降雨入渗减少也会影响水生态系统的结构和功能[14]。由此引起的河流水文、形态和水质的累积变化最能反映在水生生物群落上。目前，城市化对水生生物群落的组成、物种多样性及生物完整性影响的研究大多集中在微生物、大型无脊椎动物和鱼类群落。浮游植物作为城市水生态系统中较为丰富的一大类群，很容易受到物理、化学和生物干扰与压力的影响，再加上其繁殖速度快和在食物网中的基础作用，已成为评价城市水生态系统健康的生态指标。

1.3.2　浮游植物定性与定量分析方法

众所周知，自养浮游植物对水环境中的初级生产具有重要作用。尽管如此，对浮游植物多样性的研究在很大程度上仍然是远远不够的。由于当前主要的科学挑战主要集中在所有生态系统的自然资源的可持续利用与管理，以及减少生物多样性的损失方面，因此迫切需要提高对水生态系统中浮游植物多样性的了解。对此，目前应用最为广泛的方法是形态学方法与分子生物学方法。

1.3.2.1　形态学方法

传统上，浮游植物的鉴定主要以形态学鉴定方法为主，该方法是以浮游植物的形态结构（如异形胞、鞭毛、胶被等）为主要特征的鉴定方法[15]。该方法的优势在于，操作相对较为简便，目前仍被大多数学者普遍采用，但在长期的探索过程中，也发现了许多不足之处。例如，首先，此方法对浮游植物鉴定者有较高的专业水平要求，非长期从事藻类分类学工作的人员很难胜任。其次，由于种类繁多，对于形态极小的类群难以通过光学显微镜进行鉴定，需借助电子显微镜；并且有些藻种由于缺乏显著特征，运用形态学鉴定较为困难。例如，甲藻门中的某些种类在形态上极其相似，仅在细胞壁的个别甲片的结构上存在细微差异。虽然基于纯培养的方法可以鉴定一小部分藻类，但这并不能表明种群或群落水平的环境重要性，因为在一个自然发生的群落中，培养的容易程度与优势之间并没有联系。此外，当从时间与空间上，甚至是基于大尺度对水生态系统中浮游植物的变化进行深入研究时，无疑会扩充采样的频次，使鉴定的样本数量大大增加，耗时费力，很难达到迅速鉴别的要求。因此，藻类形态学的鉴定方式通常工作量较大，带有主观性，各个研究人员的鉴定结果均会或多或少出现差别，鉴定过程不易规范化。

除光学显微镜外，分辨率能够达到纳米级的透射电镜和扫描电镜也可以表征藻细胞表面和内部的细微结构，也是一种鉴定浮游植物的主要工具[16]。尽管电镜的分辨率远高于传统的光学显微镜，且在微型藻类的鉴定方面发挥着关键的作用，但由于设备价格昂贵、操作难度较大、样品的前期制备过程复杂、处理过程容易导致样品大量损失难以定量、无法观察活样本等缺点而大大限制了其应用。

近年来，图像识别和分析技术的利用是鉴定浮游植物的一种新兴方法。流式细胞摄像系统（Flow cytometer and microscope，FlowCAM）是一种将显微镜技术、流式细胞仪技术、荧光检测技术及数字成像技术等功能综合为一体的分析系统。该系统可以自动化地展示并储存流动液体中的浮游植物、浮游动物及其他颗粒的清晰图像[17]。其既可以对浮游植物进行计数，又可以通过显微镜头抓捕每个藻细胞，通过获取其形态学参数，如有效直径、色度、宽度、长度、纵横比和荧光特性，再与图库进行比对以进一步鉴定浮游植物，实现藻类的自动分类和定量分析。除此之外，由于 FlowCAM 主要采用荧光或散射光激发功能，能够仅识别那些具有荧光或散射光的粒子，从而消除一些死细胞或生长后期的细胞碎片等非活体颗粒的干扰，提高数据的准确性[17]。但是，对于一些在形态上极为相似但却属于不同种类的藻细胞，或者同一种藻类在不同角度或不同生长周期观察时其形态也会有很大的差异，还有照片的分辨率和显微镜的放大倍数等技术上的局限，使得利用 FlowCAM 鉴定藻类的精确度较低，且可识别的种类不多。

　　从浮游植物计数的角度来说，在利用浮游植物网采集样品的过程中，所使用的孔径大小通常为 10 μm 或 20 μm，造成细胞粒径小于孔径的部分小型和微型浮游植物无法被截留，使结果产生较大误差，一般只作为浮游植物半定量化研究。2000 年之后，基于浓缩法和 Utermöl 法的浮游植物定量分析逐渐在我国应用[18]。浓缩法主要是利用毛细管对水样进行连续浓缩，浓缩到一定程度后在显微镜下进行计数。然而，在样品浓缩的过程中，会耗费大量的时间并且造成部分藻细胞的损失[19]。因此，该方法在具有足够的数量进行显微计数且浓缩损失非常小的情况下，能够提供相对较好的结果。自 Utermöl 法被纳入浮游植物手册以来，其已经成为国内外浮游植物定量研究的常用方法。该方法是使用特定的沉淀杯，通过倒置显微镜识别并分析，其虽然能够有效降低水样浓缩过程中的损失，但对稀有类群（即低丰度类群）的检测灵敏度较低。目前，针对这两种方法，大多数学者仍然采用浓缩法对浮游植物进行定量研究。根据研究者的经验，水样一般会被浓缩至 30 mL。然而，对于呈现富营养化水平的水体来说，藻类的数量较多，样品浓缩至 30 mL 会导致镜检过程中各种藻类发生重叠或丰度过高而无法计数。因此，牛海玉等[18] 研究表明，应该根据水体所处的营养状态判断样品的浓缩体积，贫营养水体样品可以浓缩至 15~20 mL，中营养水体建议浓缩至 40~50 mL，富营养化水体浓缩至 70~80 mL。基于形态学方法存在的一些缺陷和局限性，有学者开始进一步利用分子生物学方法来研究群落多样性。

1.3.2.2　分子生物学方法

　　近年来，基于 DNA 指纹图谱的分子标记技术在微生物群落多样性的研究中得到了广泛应用。该技术是除显微镜检外，唯一可以在种层面上对藻类进行鉴定的方法，其不需要对藻类纯化与培养，可以直接从复杂的环境样品中获取藻类信息。因此，在浮游植物多样性的研究中越来越受到欢迎。目前，常用的浮游植物定性定量分子生物学分析方法主要有限制性片段长度多态性聚合酶链反应（Polymerase chain reaction-restriction fragment length polymorphism，PCR-RFLP）、变性梯度凝胶电泳（Denatured gradient gel electrophoresis，DGGE）、荧光原位杂交（Fluorescence in situ hybirdization，FISH）、随机扩增多态性 DNA（Random amplified polymorphic DNA，RAPD）、实时荧光定量 PCR（Quantitative real - time PCR）、高通量测序（High-throughput sequencing，HTS）、宏条形码（Metabarcoding）和宏基因组测序（Metagenomics sequencing）技术等。PCR-RFLP 技术的原理是基于不同等位基因的限制性酶切位点分布差异，得到的 DNA 片段长度也不同[17]。Adachi 等[20] 利用此方法扩增了不同亚历山大藻种的 5.8S rDNA 及 ITS 区，对其进行了分类和遗传标记。由于此技术所使用的引物必须根据已获得的 DNA 测序信息进行设计，故对于不能设计出相应引物的物种来说，仍然难以鉴定。随后出现的 RAPD 技术对这一局限进行了改善，其采用随机引物扩增目的基因，通过扩增产物 DNA 片段的多态性探索物种鉴定、谱系分析和进化关系[17]。例如，Murayama-Kayano 等[21] 利用该技术分析了卡盾藻（*Chattonella*）不同株系和物种之间的多态性。DGGE 技术能够识别那些具有相近或相同分子量的基因之间的不同。目前该技术已运用于鉴定环境微生物的群落结构及种群演替等[22]。FISH 技术主要是利用荧光显微镜检测物种的形态特征、空间分布及丰度。目前，该技术已广泛应用于藻类形态学鉴定和生态学研究等领域[23]。实时荧光定量 PCR 技术是在传统的 PCR 基础上，通过添加荧光标记探针对 PCR 产物进行实时监测，具有高效快速、定量准确、特异性强等特点，且已成熟地应用于藻类的定性与定量研究中[24]。

HTS 技术一次可测高达百万条序列，操作简便，价格低廉，很快成为一种新的研究微生物群落的方法。HTS 技术允许自动处理样品，适用于标准实验室规程，促进了大规模的深入监测计划和调查。其可以对未培养物种（或环境样本）直接进行基于 DNA 和 RNA 分析，不需考虑浮游植物的大小、生命阶段、多形性或分类学特征[25]，然后利用数据库中积累的数据，将一个独特的 DNA 序列连接到一个浮游植物分类单元，对浮游植物的生物多样性进行评价，为浮游植物在群落水平的分子监测提供了希望，以支持和替代显微技术。宏基因组的研究包括两个方面：扩增子测序与全基因组测序。其中，全基因组测序主要研究基因的组成、功能及一些代谢通路；扩增子测序是对环境中的微生物群落的基因组 DNA 进行高通量测序，主要结果集中在微生物群落结构、微生物之间的相互协作关系及其与环境因子之间的相关性上。扩增子测序无须构建克隆文库，所以不需要对文库进行筛选，不仅精简了实验步骤，测序效率也得到很大提高。与普通的高通量测序相比，扩增子测序可以将类群注释到种水平，而高通量测序得到的序列大多注释不到种水平。此外，由于水生生态系统中有部分种类在环境的诱导下存在表型变化和趋同进化现象，导致水体中会出现一些隐存种，即形态上相似但基因不同的物种[26]。扩增子测序的运用可以有效地检测隐存种，成为浮游植物分类修正的重要方法。

目前，利用 HTS 技术开展水生生态系统生物多样性的全球模式的研究取得了惊人的进展。然而，分子测序在带来优势的同时，也伴随着一系列挑战。例如，对于浮游植物来说，很难找到宽范围的 PCR 引物，引物偏倚会影响群落研究中微生物多样性[27]。浮游植物分子学研究的另一个障碍来自数据库中缺乏分类序列。虽然存在一些原核生物的 rRNA 基因参考数据库（如 SILVA，Greengenes，RDP）和光合真核生物的质体 rRNA 基因的参考数据库[28]，但浮游植物的总体分类分辨率较差且分散。随着 HTS 技术和单细胞技术的成熟，可以期待文库的扩大，其读取长度和质量的增加将提高浮游植物在分子水平上的分类分辨率。

1.3.3 浮游植物群落的演替与生态意义

淡水与海洋生态系统提供的社会经济服务对人类福祉至关重要，例如浮游植物可以通过吸收和隔离大气中的 CO_2 来调节全球气候。因此，维持水域中浮游植物的多样性对于抵御未来气候变化和极端事件的发生至关重要。同时，了解水体中初级生产者的群落结构与生物地球化学之间的联系已成为衔接群落与生态系统生态学的重要研究前沿。无论是现在还是在地球的漫长历史中，浮游植物始终在生物地球化学循环（如碳、氮、磷及硅循环）中发挥着关键作用，成为广泛实验、观察和理论关注的对象。由于浮游植物对环境的敏感性，其群落结构的变化会影响营养盐相互作用、食物网生产力和碳封存潜力[29]，并进一步显著改变从局部到全球尺度的元素循环。因此，要充分认识浮游植物在元素循环中所扮演的角色，需要对其生物多样性及环境敏感性进行研究。该研究可以为水生和陆地群落的生物地球化学功能提供理论基础。

不同浮游植物类群之间的相互作用或联系是衡量环境条件变化对生态系统功能影响的关键。浮游植物群落的结构和分布受环境驱动因素（如温度、pH、水文条件、养分和有机物等）和生物相互作用（如互利共生、化感作用和共生）的共同控制[30]。温度、养分的可用性在很大程度上均能决定浮游植物的多样性。河流和湖泊中过多的营养物质会通过降低溶解氧状态，增加藻类生物量及有害藻华，改变生物群落、食物网、碳循环及氮循环速率，对生态系统结构和功能产生负面影响[31]。此外，生态系统中各类群存在错综复杂的食物网，包括竞争、捕食、互惠共生的关系，在生物多样性的研究中发挥关键的作用。例如，在生物入侵过程中存在一种化感作用，它是指一种生物通过向外界环境释放某种化学物质，从而直接或间接地促进或抑制其他生物的生长繁殖[32]。水体中除浮游植物与沉水植物之间的化感作用外，藻类之间也存在交互化感作用，被认为是天然水体中群落演替及优势种变化的主要因素之一。例如，铜绿微囊藻可以通过化感作用抑制四尾栅藻、普通小球藻、梅尼小环藻的生长及光合放氧[32-33]。

浮游植物种类极其丰富，大小从几微米至几百微米不等。由于其能在短时间内产生高生物量，对于扩大未来生物燃料和其他增值副产品（如色素、必需脂肪酸、蛋白质等）的商业市场具有重要意义，而碳、氮是藻类生长最重要的两种营养物质。与其他植物相比，藻类没有分化出用于运输营养和水分的维管组织。从气相到液相的传质限制（Mass transfer limitation）是它们获得营养物质（如 CO_2 和 NO）的主要途径[34]。研究表明，浮游植物生物量的 Redfield C：N 为 6.66（摩尔比），但在实际中，这一比率因物种而异，通常为 3~17[35]。一般来说，藻类吸收氮的方式有以下几种：NH_4^+、NO_3^-、NO_2^-、NO 和 N_2。其中，NO_3^- 和 NO_2^- 还原都与光合电子转移或外部有机碳的能量供应紧密耦合。研究表明，碳氮能量供应与光合作用、呼吸作用，以及线粒体电子传递链和三羧酸循环等过程密不可分[34]。因此，浮游植物具有非常高的碳氮代谢系统。

1.4 碳循环过程概述

碳是构成地球上一切生命体的必需元素，遍布全球。自工业革命以来，人类活动的增强使大气中 CO_2 的浓度迅速上升，导致包括全球变暖在内的一系列环境问题，同时也引起了世界各国政府和学者们的广泛关注。作为地球上两个最重要的碳库，海洋和陆地生态系统在减少大气 CO_2 浓度和碳储量方面有着巨大的发展潜力，而连接两个碳库最重要的渠道——河流，在平衡两个碳库碳储量方面的作用同样不容忽视。

河流中碳的主要存在形式包括：溶解性有机碳（Dissolved organic carbon，DOC）、溶解性无机碳（Dissolved inorganic carbon，DIC）、颗粒性有机碳（Particulate organic carbon，POC）和颗粒性无机碳（Particulate inorganic carbon，PIC）。有机碳是指有机化合物中所含有的碳，既包括碳水化合物和氨基酸等不稳定的易被微生物所利用的活性碳，也包括相对稳定的惰性碳，如多糖多肽、脂类、腐殖质和胶体物质等。无机碳主要为大气中的 CO_2 溶解于水中所产生的 HCO_3^-，还有 CO_3^{2-}、溶解态的 CO_2。

河流生态系统的碳循环既包括有机碳循环，也包括无机碳循环。具体来说，当大气中的 CO_2 进入水体后，藻类胞外分泌、光合作用及浮游动物的捕食等均会产生大量的 DOC[36]。浮游植物经光合作用形成有机碳后，构成水系中的总初级生产力（Gross primary productivity，GPP）（图 1.1）。GPP 与群落呼吸作用（Ecosystem respiration，ER）的差值即为净初级生产力（Net primary productivity，NPP）。当外源有机碳输入后，供生物利用的有机物经矿化过程转化为无机碳。外源性颗粒无机碳通过分解作用产生 DIC（图 1.1）。随后，浮游动物排泄物及摄食过程产生的碎屑、细菌与浮游动植物的死亡残体等非生命颗粒有机碳以沉积物的形式下沉[37]。

目前已知的碳循环过程中的主要动力机制包括：溶解度泵（Solubility pump）、物理泵、生物泵（Biological pump）（图 1.1）。大气中的 CO_2 溶解于水体后，主要以 CO_3^{2-} 和 HCO_3^- 的形式储存在水体中，即为溶解度泵。生物泵则是将一系列生物学过程产生的碳从表层向深层传递的过程[38]。在生物泵、沉积碳和外源碳的驱动下，有机碳与碳酸盐经矿化和分解过程形成无机碳。无机碳被转移到水面后，在其他环境条件（温度、光照、营养盐）的影响下为自养生物提供可利用的无机碳，共同充当物理泵[39]。

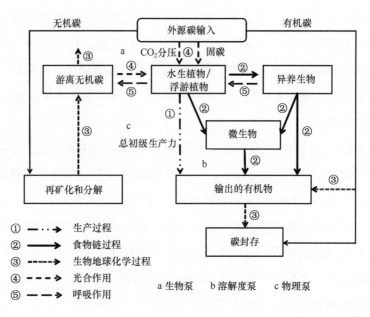

图 1.1   内陆水系碳循环流程[40]

1.4.1   溶解性有机碳循环过程

研究表明，每年全球河流向海洋排放的有机碳为 0.30~0.43 Pg，而每年在河流、水库和湖泊等水体中经沉积作用所埋藏的有机碳为 0.2~0.3 Pg[40]。可见，有机碳在水生生态系统中发挥着非常重要的作用。

1.4.1.1   浮游植物碳固定和封存过程

在水生生态系统中，碳的固定（Carbon fixation）是指在短时间内（即天、分钟、秒）通过自养生物的光合作用过程将无机碳固定为有机碳。碳汇（Carbon sink）是一种自然的或人工的蓄水池，可以无限期地积累和储存一些含碳化合物。碳封存（Carbon sequestration）是捕获大气中的 CO_2 或者人为 CO_2（如发电厂）的过程，并将其进行长期（即数年、数百年或数千年）储存[39]。碳的固定和封存过程可以发生在河流、湖泊等单一形式的生态系统中[40]。

据统计，由浮游植物参与的固碳过程对生物圈净初级生产力的贡献可以达到 50%，是有机碳与无机碳储存循环中最重要的环节[41]。同时浮游植物的光合碳固定既是生物泵的碳固定过程，也是水体中主要的初级生产力过程，每年可以从大气

中吸收碳 $2.0 \sim 2.5$ Pg[42]。通过生物泵进行碳封存主要分为三个阶段：第一阶段，藻类经光合作用将 CO_2 固定在有机碳上；第二阶段，包括浮游植物细胞碎屑的直接沉积，该浮游植物碎屑随后被浮游动物摄取，再转化为浮游动物排泄物并迅速沉降等[41]；第三阶段，由这些生物形成的颗粒最终到达水床并被输送到沉积物层[43]。除此之外，浮游植物的固碳功能还与浮游植物种类（如硅藻、蓝藻）有关[44]。

1.4.1.2　水系总初级生产力

浮游植物是河流系统的优势类群，GPP 或 NPP 都可以用来表征自养生物的碳固定速率或碳封存速率[40]。Wu 等[45] 将湖泊生产力定义为浮游植物的初级生产力。Kazanjian 等[46] 通过测定浮游植物和大型植物的 GPP，确定了生态系统碳汇的特征。Song 等[47] 使用每日溶解氧动力学模型估算了河流系统内生物群落的 GPP。目前，衡量水体中初级生产力的方法大致可以分为两大类：现存量法（Standing crop）和代谢率法（Metabolic rate）。现存量法是通过测定初级生产者在某一特定的时间内开始和结束时储存的有机体的量来计算有机物增量；代谢率法是通过测量一定时期内初级生产者通过光合作用和呼吸代谢排出的原料和废弃物数量的变化来计算有机物的生产力。最常用的方法包括黑白瓶法、^{14}C 示踪法和叶绿素法[48]，其优点是简单、经济、得到的结果相对可靠。

（1）黑白瓶法和 ^{14}C 示踪法：黑白瓶法和 ^{14}C 示踪法是测定水生生态系统 GPP 最广泛的方法。当装有浮游植物样本的黑白瓶通过悬浮暴露在水中时，白瓶中的浮游植物在光的照射下进行光合作用和呼吸作用，消耗 $^{14}CO_2$（$^{14}HCO_3^-$），产生氧气和 $^{14}C_6H_{12}O_6$ ［式（1.1）］。黑瓶中的浮游植物只进行呼吸作用，消耗有机碳和氧气。NPP 是通过测量白瓶和黑瓶中溶解氧的变化或有机碳 ^{14}C 辐射强度的变化来计算的[49-50]。

$$6CO_2 + 12H_2O \xrightarrow{\text{光照、酶、叶绿素}} C_6H_{12}O_6 + 6O_2 + 6H_2O \qquad (1.1)$$

（2）叶绿素法：叶绿素含量与光合作用速率之间密切相关是利用叶绿素确定水体初级生产力的基础[51]。很多研究者在建立基于浮游植物初级生产力与叶绿素含量关系模型（如 Bedford's 生产力模型、Vertical generalized production model（VGPM）模型）时，综合考虑了叶绿素含量、温度、光辐射强度和日照时数对初级生产力的影响[52]。

1.4.1.3　总初级生产力的影响因素

随着人类工农业生产和生活方式的发展，大气中的 CO_2 浓度和温度在持续增加，同时，通过径流和大气沉降向水体排放的营养物质也在增加，不断影响水体中的 GPP[53]。例如，光照强度、温度、透明度及水深等均会影响水体的碳汇[54]。透明度和浊度会通过影响水体中的光吸收和散射，从而导致光合作用效率降低[40]。温度对浮游植物初级生产力的影响主要体现在生物体内的生理生化反应及其生长速率随着温度的升高而加快。在光合作用中，暗反应是与有机物合成和生产有关的主要反应，暗反应速率会随着温度的升高而加快，从而提高初级生产力[48]。

陆地植被固定的有机碳（即 DOC 和 POC）是水体生产力的一个重要输入源，但由于 POC 难以分解，通常为 DOC 占主导地位[55]。鉴于大量的有机和无机陆地碳先在湖泊中转化为 CO_2 后再排放到大气中，因此，湖泊被认为是非常重要的全球碳源[56]。沉积过程将大气中的 CO_2 和有机碳输送到河流[57]，然后河流将岩石风化产生的沉积碳和无机碳以及被陆地植被固定的有机碳输送到湖泊系统[58]。因此，确定水体循环过程中有机碳的来源对于理解碳循环过程是极其重要的。

碳、氮和磷等营养盐也是水生生态系统初级生产力的主要影响因素，低营养水平是河流系统初级生产力低下的直接原因[59]。例如，蔡琳琳等[60] 发现，氮的供应是影响浮游植物生产力的一个不可或缺的因素。在淡水系统中，磷是第一个限制元素，对浮游植物生物量有显著影响，进而影响浮游植物的 GPP。

1.4.2　溶解性有机碳的来源解析

溶解性有机物（Dissolved organic matter，DOM）是水体中有机碳最大的储存库，是地球水圈中有机碳的主要载体和生物体的主要底物，对全球碳循环具有重要的贡献，通常以溶解性有机碳（DOC）浓度代表水中溶解性有机物（DOM）浓度。

1.4.2.1　溶解性有机物的重要性

DOM 是水生生态系统中生物可利用有机碳的最大来源之一。在河流中，

DOM 主要来源于陆地，是食物网动态和全球碳循环的核心。虽然海洋是陆地 DOM 的最终容纳地，但淡水系统的运输过程是海洋中 DOM 数量和质量的重要调节器[61]。因此，河流等内陆水域中 DOM 过程的控制与全球生物地球化学循环有着内在的联系。

DOM 作为天然水生生态系统有机能量收支的重要组成部分，在影响微量金属的形态和生物有效性、有机污染物的溶解度、天然酸度和紫外线衰减等方面发挥着重要的作用。此外，DOM 还可以在水生生态系统中被矿化，使河流成为向大气排放 CO_2 的净来源[62]。因此，要预测天然水域中 DOM 对环境的影响，了解 DOM 的化学和结构性质具有重要意义。

1.4.2.2　DOM 的分析方法

近 30 年来，人们对 DOM 的生化结构及其在水生生态系统生物地球化学循环中的作用研究取得了巨大的进展。尽管人们认识到 DOM 的组成对其在环境中的作用有很大影响，但 DOM 的表征仍未被常规纳入许多生物地球化学研究中。光谱技术的发展（如吸光度和荧光）为水生生态系统中 DOM 的传统表征方法提供了一种替代方法[63]。该技术成本相对较低，能够快速且较为准确地提供 DOM 的来源、特征等信息。

紫外-可见光吸收光谱是研究 DOM 的方法之一，被广泛应用于湖泊、河流、水库等水域中。该方法能够获得 DOM 的分子组成、结构、腐殖化程度及分子量等特征，对于来源差异较大的 DOM 具有较高的辨析度[64]。研究表明，波长大于 230 nm 的吸收峰主要来自有机物，而波长小于 230 nm 的吸收峰则为无机卤化物形成的干扰峰。但该方法也存在一定的局限性，例如，在某些情况下，由于 DOM 中的发色基团种类较多而且难以区分，使得吸收光谱曲线较宽，无法表征明显的吸收峰[65]。除此之外，傅里叶红外光谱法在 DOM 官能团，如芳香碳、脂肪碳与羰基碳的区分方面也具有一定的优势[66]。该方法具有测定速度快、样本量小、无须前处理等优点。

三维荧光激发发射矩阵（Excitation-emission matrix，EEM）光谱目前已经成功应用于陆地、河流、海洋等水生生态系统中 DOM 的研究[67]，是一种操作简单、灵敏度高、可重复的方法，更重要的是，在此过程中样品不会被破坏。其基本原理是通过连续扫描激发波长和发射波长，在获得各波长的基础上，再根据激发峰与发射峰的位置来确定 DOM 的组成 DOM 的荧光特征。一般情况下，DOM 荧光的激发波长为 250~400 nm，发射波长为 350~500 nm。但由于荧光峰之间存在相互重叠，从而导致有些峰难以识别，因此，需要寻找一种新的方法来解决这一问题。这种方法可以通过平行因子（PARAFAC）分析来解析 DOM 的三维荧光光谱，将荧光信号分解为潜在的单个荧光现象[68]，是描述和定量 DOM 荧光变化的一种重要的方法，能够更好地追踪水环境中的不同组分，识别荧光峰的数目、种类及荧光强度。

1.4.3 溶解性无机碳循环过程

1.4.3.1 岩石化学风化过程

溶解性无机碳（DIC）是淡水生物地球化学和生态学的一个重要变量，其可以缓冲 pH，维持水生植物的光合作用和生物钙化，并与其他元素循环（如磷和钙）相互作用。水体中的无机碳以多种形式存在，CO_2 通过空气-水界面交换，溶解后的 CO_2 与 H_2CO_3、HCO_3^-、CO_3^{2-} 以及 H^+ 处于化学平衡状态（图 1.2），因此这些碳化合物共同构成 DIC。在 pH 值为 6.0~8.5 的大多数自然水域（包括汇

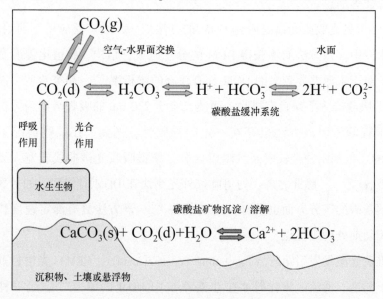

图 1.2　水生生态系统中的无机碳循环[69]

入海洋的主要河流）中，CO_2 通常以 HCO_3^- 的形式存在。

无机碳循环在全球碳循环中的作用越来越被认为是理解地球系统对人为气候变化响应的基础。目前，已经详细研究了有机碳合成和降解之间的平衡变化对大气 CO_2 和气候的影响[69]。然而，如果不考虑无机碳在陆地和水体中的循环，碳循环的过程是不完整的，而且在全球环境变化的背景下，关于无机碳的研究仍然较少，特别是大气中 CO_2 分压（pCO_2）作为确定二氧化碳气体与大气交换所需的一个关键参数，最终也是由水生生态系统中 DIC 的平衡控制的。因此，DIC 来源和循环的信息就成了了解整个水生生态系统水生物地球化学动态过程和水质的关键。

DIC 浓度除在天然水体中具有重要性外，还会影响水处理的成本。例如，当溶解的 CO_2 通过空气-水平衡或水生生物的新陈代谢时，会响应碳酸盐缓冲系统并降低 pH。天然水域中的碱度或酸中和能力，在很大程度上是由于 HCO_3^- 和 CO_3^{2-} 的离子电荷当量超过了 H^+，这种"碳酸盐碱性"主要来自水域中矿物的化学风化，包括硅酸盐岩及碳酸盐岩（白云石和石灰石）。

由大气中的 CO_2 或自然条件下土壤呼吸产生的碳酸驱动的岩石化学风化是一个重要的碳汇过程，能将陆地与大气和海洋的地球化学循环联系起来，调节地球气候，并将大气/土壤中的 CO_2 转化为 DIC[70]　[式（1.2）至式（1.5）]。DIC 通过河流或地下水运输，经过生物钙化作用，然后以碳酸盐矿物的形式埋藏在海洋的沉积物中[70]。经过漫长的时间（从几百年到几千年），海洋沉积物中的碳酸盐矿物通过河流输入新的 HCO_3^- 以达到平衡。但是，人类活动正在越来越多地改变陆地矿物风化与水文特征，从而改变河流向海洋排放 HCO_3^- 的通量，迫使生物地球化学对气候的反馈具有不确定的影响。因此，研究河流系统中 HCO_3^- 输入和损失之间的平衡变化对内陆水域和海洋的生物地球化学过程以及大气 CO_2 和气候的调节具有重要意义。

硅酸盐岩风化：

$$CaSiO_3 + 2CO_2 + H_2O = Ca^{2+} + 2HCO_3^- + SiO_2 \qquad (1.2)$$

$$Ca^{2+} + 2HCO_3^- = CaCO_3 + CO_2 + H_2O \qquad (1.3)$$

碳酸盐岩风化：

$$CaCO_3 + H_2O + CO_2 = Ca^{2+} + 2HCO_3^- \qquad (1.4)$$

$$Ca^{2+} + 2HCO_3^- = CaCO_3 + H_2O + CO_2 \qquad (1.5)$$

1.4.3.2 浮游植物无机碳吸收途径

与高等植物不同，由于绝大多数藻类生活在 CO_2 匮乏的水环境中，导致绿藻、硅藻、蓝藻等多种藻类为了获取更多的无机碳源，进化出无机碳浓缩机制（Carbon-concentrating mechanism，CCM），从而提高光合作用效率[71]。藻类的碳浓缩机制涉及细胞膜无机碳转运体/泵（如 HCO_3^-/Na^+ 共转运体）、碳酸酐酶（Carbonic anhydrase，CA）、特殊的细胞结构以及钙化。已有多个研究表明，CA 活性对碳酸盐岩及硅酸盐岩风化具有明显的促进作用[72]。在自然界中，CA 除在光自养、化学自养和异养原核生物的碳浓缩机制中起着重要的作用外，还参与 pH 稳态、促进 CO_2 的扩散、离子迁移以及 CO_2（aq）和 HCO_3^-/CO_3^{2-} 的相互转化，这些对于碳封存是极其重要的[73]。此外，由于 CA 可以通过快速催化 CO_2 水合反应从而缩短 CO_2（g）与 DIC 平衡所需的时间，显著加快了 CO_2 的吸收，使其成为碳封存策略的一个有吸引力的生物催化剂。但对于真核藻类与原核藻类来说，二者的碳浓缩机制在一定程度上存在某些差异，但都包括三个部分：①均含有使细胞内达到高水平无机碳的吸收系统；②均含有催化多种形式的无机碳相互转化的酶系统（CA）（如真核藻类的叶绿体、原核藻类的过氧化物酶体）；③均含有 1,5-二磷酸核酮糖羧化酶/加氧酶的特殊结构。

藻类主要利用两种方式吸收利用水体中的无机碳（图 1.3）。①HCO_3^- 的直接吸收：由于 HCO_3^- 和 CO_3^{2-} 都是带电离子，它们的吸收需要转运分子（T）和能量，而细胞膜表面恰好含有通道蛋白，使 HCO_3^- 以主动运输的方式进入细胞内部[74]。细胞内的 HCO_3^- 包含两种去向：第一种是通过细胞质内的 CA 将 HCO_3^- 转化为 CO_2，而后进入叶绿体中；第二种是将 HCO_3^- 直接通过叶绿体膜蛋白输送到叶绿体中，进而由 CA 转化为 CO_2[74]。这两种方式的目的均是提高 Rubisco 位点的 CO_2 浓度，为 Rubisco 提供一个稳定的碳源，以用于卡尔文循环即 CO_2 的固定[73]。②除胞内 CA 外，位于质膜、细胞壁或周质空间的胞外 CA，也可以催化细胞表面与表层水体的 HCO_3^- 脱水反应，将其转化为 CO_2 供藻类吸收利用。因此，胞外 HCO_3^- 在周质空间转化为 CO_2 对细胞是有利的。对于碳酸盐而言，其可以储存在细胞壁，通过浮游植物的钙化产生 CO_2［式（1.6）］。根据反应式（1.7），在较高的 pH 条件下，钙化过程可以在不产生 CO_2 的情况下进行。

$$Ca^{2+} + 2HCO_3^- > CaCO_3 + H_2O + CO_2 \tag{1.6}$$

$$Ca^{2+} + CO_3^{2-} > CaCO_3 \tag{1.7}$$

尽管我们对浮游植物碳获取的生理和分子方面的理解在过去 20 年里取得了巨大的进展，但许多重要的进化和生态问题仍未得到解答。因此，研究无机碳在浮游植物生产力和群落生态中的作用比以前更加重要。

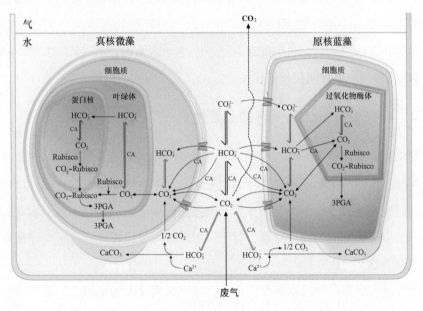

图 1.3　真核微藻和原核蓝藻无机碳吸收和储存途径模型[75]

1.4.3.3　无机碳转化的影响因素

光照、pH、氮的形态和含量、磷元素含量、CO_2 浓度等多种环境因素均会对 CCM 产生影响。某些藻类的 CCM 也会受到氧气浓度和温度的影响，在夏季高温条件下，藻类的 CCM 机制可能更加有效[76]。CO_2 浓度作为影响藻类 CCM

和无机碳利用的重要因素，当水体中溶解的 CO_2 过饱和时，pH 也会下降，引起总溶解无机碳中的 CO_2/HCO_3^- 比率增大[77]，减弱浮游植物 CCM 的必要性。

藻类对无机碳的亲和力也会受到光照强度的直接影响[78]。研究表明，某些藻类如杜氏藻在光照限制的条件下会显著降低对无机碳的亲和力[79]。而高光照强度不仅可以提高藻类光合速率，还能够快速降低胞外环境中的无机碳浓度，进一步增强 CCM。

营养代谢和光合作用是两个密切相关的过程，氮的限制会显著降低光合速率[80]，同时氮的形态也会对 CCM 产生影响。例如，当氮源为 NO_3^- 时，真核藻类在氮限制条件下的生长会增加 CCM 的无机碳的亲和力，而在以 NH_4^+ 为氮源的情况下，无机碳亲和力则会降低[81]。在氮不受限制的情况下，氮的不同形态也会对绿藻 *Dunaliella salina* 的无机碳的亲和力有相当显著的影响[82]。对于磷元素而言，因为大多数藻类对无机碳的获取是一个主动运输的过程，以 ATP 作为能量，因此磷限制对 CCM 有间接调控作用。

1.4.4 研究城市水体碳循环的必要性

据统计，城市年均 CO_2 排放量是陆地或海洋净碳汇的 2 倍以上。城市水域作为大气圈、水圈、生物圈、岩石圈的交汇区，是人类活动与自然过程共同作用最为强烈的地带之一，也是降低碳排放、增强城市碳汇的重要切入点。因此，研究城市水生生态系统的碳循环特征，对于保护城市的碳汇资源、减缓全球温室效应具有积极的意义。

作为城市生态系统的重要组成部分，城市河流是连接地球上陆地和海洋两大碳库的主要环节，其大多分布于干旱、半干旱区，对环境改变和气候变化极其敏感，并且拥有相对封闭的地理条件，以及独立和完整的碳循环体系，是研究区域环境演变情况和碳循环过程的理想对象。然而，由于城市水生生态系统具备多种生态功能，长期受到强烈的人为干扰，形成了独有的一些特征，如大多为静止或流动性差的封闭缓流水体，水环境容量小、水体自净能力弱、易污染等，使许多生态学研究手段受到限制，造成城市生态系统碳动力学和城市化对碳动力学影响的研究尚处于起步阶段。因此，浮游植物对城市河流碳循环过程及生态效应的研究具有重要的科学意义。

1.5　研究内容及意义

基于上述所描述的研究背景，本研究选取汾河太原段为研究对象，将研究内容分为以下四个方面。

（1）利用扩增子测序探究浮游植物的群落结构特征、生物多样性及其与环境因子的相互作用，并对复杂群落内的物种间共生关系进行网络分析以探讨藻类之间的相互作用。

（2）从时空分布上利用黑白瓶法测定浮游植物初级生产力，即浮游植物通过光合作用所固定的有机碳总量，分析其与环境因子的关系，揭示浮游植物群落在碳循环中的作用。

（3）采用紫外–可见光吸收光谱与三维荧光光谱的技术手段，结合平行因子分析方法，对城市水体 DOM 的浓度、时空分布、荧光组分以及结构进行表征，进一步分析 DOM 的来源与水质指标之间的关系，以期揭示城市水体 DOM 的迁移转化规律和环境指示意义。

（4）通过测定汾河太原河段的无机水化学离子，采用水化学图解法（三元图、Gibbs 图、端元图、Piper 图）分析岩石风化作用的类型、溶解性无机碳的来源与特征，进一步探讨碳浓缩机制过程中浮游植物、CA 活性、HCO_3^- 浓度与 CO_2 分压之间的关系。

通过对汾河太原段浮游植物群落多样性及碳动态过程的研究，可为我国内陆水体乃至全球淡水生态系统的研究提供理论基础依据，也为我国城市河流富营养化的污染治理及生态修复提供一定的技术参考，以有利于城市河流的可持续健康发展。

第 2 章　汾河太原段浮游植物群落
多样性及与环境因子的相关性

　　城市河流对人类的文明、福祉和发展起着非常重要的作用，但由于大量未经污水处理厂处理或粗处理废水的排放，其长期遭受严重的污染。研究表明，污水排放会导致高营养盐污染（NO_3^-、PO_4^{3-} 和 NH_4^+）及有机物污染（高锰酸盐指数、化学需氧量和悬浮物），对生态群落和水生生态系统的功能产生不利影响[83]。而浮游植物群落作为城市河流生态系统的重要组成部分，在参与生物地球化学过程和养分循环方面发挥着不可替代的作用，是监测人类活动对河流水环境生态效应的理想变量。

　　在自然生态系统中，个体生物并不是孤立存在的，而是彼此共存以形成生态相互作用的网络[84]。这些复杂的联系共同调节生物多样性对生态系统功能的影响[85]。对于水体中浮游植物的群落结构来说，其不仅受物种间相互作用的影响，还受到水质参数和区域条件的影响[86]。基于宏基因组扩增子测序揭示的共现模式便可以预测水生生态系统中环境因子与各物种之间的正负生态相互作用[87]。同时，利用网络分析也可以识别众多物种中维持群落稳定所必需的关键类群，其可以通过影响其他的一些类群进而影响整个群落的结构和功能。此外，关键物种也容易受到动态环境的影响，其消失或变化均会对生态作用网络的稳定性产生不利影响[88]。

　　然而，到目前为止，城市河流浮游植物的共现模式仍然很少受到关注。本研究基于 16S rDNA 和 18S rDNA 基因测序分析了汾河太原段浮游植物群落的季节性模式，进一步识别出维持群落稳定所必需的关键物种，并讨论了浮游植物与环境因子的关系。本研究将有助于深入了解浮游植物与环境因子之间的相互作用和生态功能，提高预测藻类对环境变化反应的能力。

2.1 材料与方法

2.1.1 采样点位置

汾河太原段北起柴村桥，南至祥云桥，全长 20 km，沿途周围有煤矿、火力发电站、选煤厂等工厂和企业，导致大量的工业污水排入河流，成为该地区水体的潜在污染源。另外，汾河贯穿于人口密集的太原市主城区，因而居民生活废水也成为该流域的主要污染来源。该段设计为人工复式河槽，由中隔墙分成东西两渠，东侧为清水渠，由四道橡胶坝分为三级蓄水湖面；西侧为浑水渠，主要作用是排泄上游洪水。东西两岸各布置一条箱形排污暗涵，接纳边山支沟来水和沿线城市排污管道，并将其输送至下游污水处理厂进行净化处理。因此，根据暗涵和橡胶坝的位置，本研究选取了 6 个采样点，分别为胜利桥北（S1）、胜利桥北-漪汾桥（S2）、漪汾桥-迎泽桥（S3）、迎泽桥-长风桥（S4）、长风桥-南中环桥（S5）、南中环桥-祥云桥（S6）。每个采样点（蓄水池）之间由橡胶坝相隔，采样点分布情况见表 2.1。

表 2.1 采样点地理位置坐标

采样点	北纬	东经
S1	37°53′15.738″	112°31′6.544″
S2	37°52′25.205″	112°32′18.638″
S3	37°51′30.236″	112°32′20.980″
S4	37°49′3.652″	112°32′21.821″
S5	37°47′37.745″	112°32′28.273″
S6	37°46′17.828″	112°32′19.878″

2.1.2 样品的采集及水质参数的测定

本研究于 2019 年在 6 个采样点共采集 144 个水样本。为了了解季节因素的影响，分别于 2019 年 3—5 月（春季）、7—8 月（夏季）、9—10 月（秋季）和 12 月至翌年 1 月（冬季）采集水样。每个样品均设置三个重复。用 2 L 的采水器在 0.5 m 处采集表层水样，现场采集的水样首先经 200 μm 的筛绢过滤，以消除大型浮游动物及颗粒的影响；然后一部分水样用 0.45 μm 的 Whatman GF/F 滤膜进行抽滤，滤膜折叠放于离心管中，置于-80℃下保存备用，以提取环境基因组 DNA，另取一部分水样用于环境样本的测定（24 h 内）。

表 2.2 为 2019 年采样时期的太原市气象指标数据，主要包括气温、降雨量、日照时数、太阳总辐射强度（日照强度），表中所列数据均为平均值。本研究中的气象数据均来自国家气象科学数据中心。

表 2.2 2019 年研究区气象数据情况

气象指标	单位	春季	夏季	秋季	冬季
气温	℃	19.38	26.43	20.75	2.70
降雨量	mm	20.84	73.52	39.01	3.62
日照时数	h	185.86	197.16	121.83	87.75
太阳总辐射强度	$W \cdot m^{-2}$	252.45	267.89	167.48	122.42

水质参数的测定包括水温（Water temperature，WT）、pH、NO_3^-、NO_2^-、PO_4^{3-}、溶解性有机碳（DOC）。其中，WT、pH 利用便携式溶解氧/温度仪（DZB-718，雷磁）进行原位测定，NO_3^- 测定采用紫外分光光度法，NO_2^- 测定采用盐酸萘乙二胺分光光度法，PO_4^{3-} 测定采用钼酸铵分光光度法，DOC 根据 Bolan 等[89] 描述的方法进行测定。

2.1.3 叶绿素 a 含量的测定

在不同采样点取 50~200 mL 的水样，将藻细胞过滤至 0.45 μm 滤膜上，再将富集到藻细胞的滤膜剪碎，放入浓度为 95% 的乙醇溶液的离心管中，置于 4℃

冰箱中冷藏 24 h；然后在 8 000 r・min^{-1} 下离心 15 min，收集上清液，再次向离心管中加入 5 mL 体积浓度为 95% 的乙醇溶液以 8 000 r・min^{-1} 的速度离心 5 min，提取上清液。以 95% 的乙醇溶液为空白对照，使用紫外-可见分光光度计分别在 649 nm 和 665 nm 波长下测定上清液的吸光度值。叶绿素 a（Chl a）的计算公式如下：

$$Chl\ a = 13.95 \times A_{665} - 6.88 \times A_{649} \tag{2.1}$$

2.1.4　DNA 提取、扩增与测序

使用 E. Z. N. ATM Mag-Bind DNA Kit 200（Omega Bro-tek）试剂盒从环境样品中提取和纯化基因组 DNA。利用琼脂糖凝胶检测 DNA 提取物的纯度和浓度，以选择合格的样品进行后续分析。使用通用引物 341F（5′-CCTACGGGNG-GCWGCAG-3′）和 805R（5′-GACTACHVGGGTATCTAATCC-3′）扩增 16S rDNA 基因的 V3—V4 区；使用通用引物 V4F（5′-GGCAAGTCTGGTGCCAG-3′）和 V4R（5′-ACGGTATCTRATCRTCTTCTCG-3′）扩增 18S rDNA 基因的 V4 区[90]。PCR 扩增流程包括两轮扩增：第一轮扩增为 94℃ 预变性 3 min，5 个循环（94℃ 变性 30 s，45℃ 退火 20 s，65℃ 延伸 30 s），20 个循环（94℃ 变性 20 s，55℃ 退火 20 s，72℃ 延伸 30 s），72℃ 延伸 5 min。第二轮扩增为 95℃ 预变性 3 min，5 个循环（94℃ 变性 20 s，55℃ 退火 20 s，72℃ 延伸 30 s），72℃ 延伸 5 min。PCR 扩增体系包括 15 μL Phusion Master Mix、10 μmol 正向与反向引物各 1 μL、10~20 ng 环境 DNA 模板，最后加双蒸水（ddH$_2$O）使总体积为 30 μL。本研究中，16S rDNA 所获得的序列平均长度为 420 bp，18S rDNA 序列平均长度为 400 bp。

2.1.5　数据处理

在 Illumina Miseq 平台上对扩增子进行测序，通过修剪末端碱基去除引物序列和 barcode 以获得有效 reads。然后，通过 USEARCH 7.1 对所有样品的原始序列进行质量过滤[91]。采用 RDP classifier 贝叶斯算法对 97% 相似度水平的 OTU（Operational taxonomic units）代表序列进行分类学分析，并利用 SILVA 数据库分别注释到门、纲、目、科、属、种各水平，统计各个样品的群落组成[92]。本研

究去除了非藻类 OTU，包括比对到的浮游细菌、浮游动物等。

2.1.6　统计分析

利用 Mothur 在 OTU 水平上分析稀疏性曲线和多样性指数。使用 R 4.0.3 软件的 "vegan" 包根据各样本的 OTU 丰度基于 Bray-Curtis 方法计算样本间的距离，然后利用非加权组平均法构建树状图。浮游植物群落在各分类水平上相对丰度的时空变化由 Origin 2018 软件绘制。

LEfSe（Linear discriminant analysis effect size）是一种用于发现生物群落中具有统计学差异的特征（物种、功能基因等）的分析方法。它基于线性判别分析（LDA）和效应大小（Effect Size）统计量来实现。本文采用该方法来检测不同分组间相对丰度差异显著的物种，首先利用 Kruskal-Wallis 秩和检验来鉴定组间丰度具有显著差异的特征，并运用 LDA 评估组间显著差异类群的影响程度[93]。LDA 默认阈值为 2.0，显著性水平 α 为 0.05，考虑具有统计学意义。

为了探索浮游植物之间的共现模式，使用相关矩阵进行网络分析，该矩阵是通过计算浮游植物 OTU 之间所有可能的 Spearman 秩相关而构建的。当各类群之间的 Spearman 相关系数 R 大于 0.8 或小于 -0.8，且 P 小于 0.01 时，两个 OTU 之间的 Spearman 相关性被认为具有统计学意义。网络分析所必需的一些拓扑参数通过 igraph 计算，包括平均连通度、平均聚类系数、平均路径长度和模块化指数，再利用 Gephi 0.9.2 软件可视化网络[94]。在共发生网络中，每个节点代表一个 OTU，边表示 OTU 之间的强相关性。此外，为了比较分子生态网络与对应的随机网络的差异，利用 R 4.0.3 计算了基于 Erdös-Réyni 随机网络的拓扑参数[95]，当分子生态网络的各拓扑参数大于随机网络时，才能够做出进一步的分析。

冗余分析（Redundancy analysis，RDA）是生态学中的一种直接梯度排序方法，用于揭示变量与多个响应之间的关系。本研究采用 RDA 分析浮游植物多样性指数与环境参数之间的关系。首先通过 lg（x+1）对各指数及环境数据进行标准化处理。其次进行去趋势对应分析（Detrended correspondence analysis，DCA）以检验 RDA 的适用性。当第一轴的梯度长度小于 3.0 时，适用于 RDA；当第一轴的梯度长度大于 4.0 时，适用于典范对应分析；当第一轴的梯度长度为 3.0~4.0 时，适用于 RDA 或典范对应分析。在本章中，第一轴的梯度长度小于 3.0，故使用 Canoco 5.0 软件进行 RDA 分析。最后通过 Monte Carlo 置换检验（499 permutations）筛选出具有显著性的变量（$P<0.05$）。热图是利用 R 4.0.3 的"pheatmap"包以分析浮游植物与环境因子之间的相关性，仅显示与环境因子具有显著差异的类群（$P<0.05$）。

2.2　结果与讨论

2.2.1　汾河太原段水质参数及叶绿素 a 的季节变化

表 2.3 列出了汾河太原段水质参数及叶绿素 a 的季节变化特征。单因素方差分析显示，测得的所有环境参数在季节间呈现显著差异（$P<0.05$）。其中，夏季温度最高，平均值为 27.4℃，事后检验也表明，夏季水温显著高于其他季节（$P<0.001$）。全年 pH 以冬季最高，平均值为 8.61，其次为夏季。pH 仅冬季与春季和秋季具有显著差异。春季时，NO_3^- 浓度平均值为 1.57 mg·L^{-1}，为全年最高，夏季平均值为 1.27 mg·L^{-1}，秋季平均值为 0.74 mg·L^{-1}，冬季平均值为 0.34 mg·L^{-1}。NO_3^- 浓度总体随着季节的变化呈现下降的趋势。NO_2^- 的浓度在夏季最高，平均值为 0.147 mg·L^{-1}，其次为秋季，平均值为 0.043 mg·L^{-1}。PO_4^{3-} 的变化趋势与 NO_2^- 大体类似，峰值（0.212 mg·L^{-1}）出现在夏季 S1 采样点，但秋、冬两季的浓度相对较低，可能是因为夏季高含量的氮、磷受到高降雨量的影响。DOC 的浓度随季节变化由高到低依次为春季、秋季、夏季、冬季，峰值（6.96 mg·L^{-1}）出现在春季 S5 采样点，最低值出现在冬季 S3 与 S4 采样点。调查期间，叶绿素 a 的含量在夏季与秋季较高，春、冬两季含量相对较低，其与 PO_4^{3-} 和 NO_2^- 的浓度变化趋势一致，表明夏、秋两季叶绿素 a 含量受氮、磷含量的影响较大。

表 2.3 汾河太原段水质参数及叶绿素 a 含量的季节变化

		WT ($℃$)	pH 值	NO_3^- ($mg \cdot L^{-1}$)	NO_2^- ($mg \cdot L^{-1}$)	PO_4^{3-} ($mg \cdot L^{-1}$)	Chl a ($mg \cdot m^{-3}$)	DOC ($mg \cdot L^{-1}$)
春季	最小值	18.9	7.64	1.11	0.029	0.087	8.39	6.36
	最大值	21.3	7.9	1.82	0.043	0.112	11.37	6.96
	平均值±标准差	20.28±1.05b	7.75±0.12b	1.57±0.26a	0.035±0.006b	0.095±0.009b	10.26±1.08b	6.77±0.22a
夏季	最小值	26.20	7.95	0.85	0.083	0.128	26.90	5.40
	最大值	28.30	8.51	2.33	0.170	0.212	59.40	6.75
	平均值±标准差	27.42±0.79a	8.21±0.20ab	1.27±0.55ab	0.147±0.033a	0.160±0.035a	37.67±14.23a	6.20±0.46ab
秋季	最小值	20.90	6.47	0.22	0.017	0.034	14.03	5.88
	最大值	21.60	8.36	1.56	0.079	0.097	83.43	6.53
	平均值±标准差	21.15±0.26b	7.60±0.85b	0.74±0.62bc	0.043±0.024b	0.062±0.025b	41.17±23.81a	6.28±0.30ab
冬季	最小值	2.90	8.41	0.16	0.023	0.016	0.53	5.82
	最大值	3.50	8.72	0.55	0.051	0.104	2.26	6.97
	平均值±标准差	3.17±0.23c	8.61±0.11a	0.34±0.17c	0.035±0.010b	0.059±0.031b	1.18±0.77b	6.09±0.44b
ANOVA 方差分析		0.001***	0.01**	0.01**	0.001***	0.001***	0.001***	0.05*

注: * 表示 $P < 0.05$; ** 表示 $P < 0.01$; *** 表示 $P < 0.001$。

2.2.2　测序数据分析、OTU 数目及多样性指数

本研究所获得的稀疏性曲线均趋于平坦，可以达到微生物多样性的分析要求。如表 2.4 所示，将非靶区域及嵌合体进行剔除后，春季共得到 96 282 条高质量序列，获得的藻类平均 OTU 数目为 2 296，其中 S5 采样点 OTU 数目高于其他采样点。夏季共得到 66 540 条序列，平均 OTU 数目为 792，下游 S5 和 S6 采样点的 OTU 数目高于上游。秋季共得到 161 831 条序列，平均 OTU 数目为 1 672，S1 采样点的 OTU 数目最高。冬季共得到 9 659 条序列，平均 OTU 数目约为 89，为全年最低，上游区域的 OTU 数目远远低于下游区域。

多样性指数是一项衡量指标，可以揭示浮游植物群落对环境条件和水质干扰程度的关系[96]。通过多种多样性指标对浮游植物群落结构进行分析，可以获得更为全面的结果，避免偏差。较高的多样性值表示生态系统健康程度较高，而较低的值表示生态系统健康程度较低或正在退化。此外，根据浮游植物群落多样性指数还可以判断水质的污染程度，以 Shannon 指数为例，0~1 为重度污染，1~2 为中度污染，2~3 为轻度污染，高于 3 表明水体处于清洁状态[97]。

每个样品的多样性指数和丰富度指数见表 2.4。结果表明，Simpson 指数的变化范围为 0.10~0.29，平均值为 0.15；Shannon 指数的变化范围为 1.93~3.09，平均值为 2.65。从季节上来看，春季生物多样性相对较高，夏、秋两季的生物多样性指数变化基本一致，但仅冬季与其他三个季节具有显著差异（$P < 0.001$）。冬季由于温度不适合藻类生长，其生物多样性明显降低，但全年汾河太原段均呈现轻度污染状态。ACE 指数与 Chao 指数是对群落中的 OTU 数目进行评估，指数越大，表明物种数越多。本研究中，Chao 指数的变化范围为 18.00~11 729.29，ACE 指数的变化范围为 18.20~33 993.32。Chao 指数和 ACE 指数的最小值均在冬季的 S1 采样点（胜利桥北），最大值分别在春季的 S5 和 S2 采样点，并且 Chao 指数与 ACE 指数在四个季节之间均具有显著差异（$P < 0.001$）。

从空间上来看，虽然所有多样性指数在各采样点间无明显差异。但从整体上来看，春季上游有着高 Shannon 指数和低 Simpson 指数，表明浮游植物群落具有丰富的多样性和相对健康的生态系统，尤其是 S3 采样点，水质呈现清洁状态。这是由于该采样点存在大量的水生植物，有利于藻类的生长繁殖。

表 2.4　基于扩增子测序统计结果

季节	采样点	数量	OTU 数目	Shannon 指数	Simpson 指数	ACE 指数	Chao 指数
春季	S1	17 225	2 496	2.96	0.12	23 736.99	9 883.39
	S2	17 842	2 484	2.90	0.12	33 993.32	11 577.65
	S3	12 990	1 970	3.09	0.12	21 338.84	8 343.13
	S4	15 237	2 025	2.69	0.18	24 975.24	9 610.84
	S5	19 260	2 798	2.99	0.15	33 805.74	11 729.29
	S6	13 728	2 005	2.81	0.16	20 237.03	6 994.73
夏季	S1	9 188	619	2.67	0.16	5 112.72	1 969.19
	S2	9 341	579	2.69	0.13	2 753.42	1 552.39
	S3	14 436	892	2.59	0.14	7 403.56	3 470.42
	S4	5 781	436	2.97	0.10	3 260.81	1 504.79
	S5	11 409	963	2.77	0.13	10 408.02	4 346.98
	S6	16 385	1 263	2.90	0.11	13 353.24	5 044.05
秋季	S1	30 412	1 965	2.50	0.19	22 303.98	7 061.00
	S2	23 110	1 527	2.95	0.10	14 058.19	5 551.80
	S3	23 365	1 400	2.95	0.11	11 211.14	5 385.16
	S4	26 122	1 811	2.71	0.16	16 575.50	7 184.10
	S5	24 986	1 472	2.92	0.11	10 969.13	5 516.02
	S6	33 836	1 857	2.53	0.15	17 398.96	6 337.33
冬季	S1	450	34	2.13	0.17	18.20	18.00
	S2	329	46	2.14	0.21	40.95	40.42
	S3	436	48	2.26	0.18	49.90	35.83
	S4	1 422	174	2.63	0.19	232.41	149.54
	S5	1 702	50	2.04	0.22	34.62	28.80
	S6	5 320	181	1.93	0.29	311.36	174.54
时间差异性	0.000	0.000	0.000	0.002	0.000	0.000	0.000
空间差异性	0.986	0.998	0.954	0.809	0.998	1.000	0.567

2.2.3　浮游植物群落结构聚类分析

图 2.1 为基于 OTU 丰度的样本聚类图，图中树枝的长度代表样本间的距离，越相似的样本会越靠近。在本研究中，距离相近的采样点则表明浮游植物群落结构相似度高。从图 2.1（a）中可以看出，春季 S4 和 S5 采样点距离接近，群落结构较为相似，S1、S2、S3、S6 聚为一支，样本更相似。这可能是由于采样期间河水量的增加，使得水体的交换能力增强，处于不同水域的浮游植物群落出现明显的交替现象，因此上游点位与下游点位比较分散。在图 2.1（b）中，夏季 S3 和 S6 采样点具有相似的群落结构，S1、S2、S4、S5 四个采样点距离较为接近，聚为一支。这是因为汾河太原段在夏季处于丰水期，河水量较为丰富，水流速度也明显较快，随着降雨量的增加，浮游植物群落结构地域分割性有所降低。在图 2.1（c）中，秋季 S2 采样点独自聚为一类，其群落结构与其他采样点差异

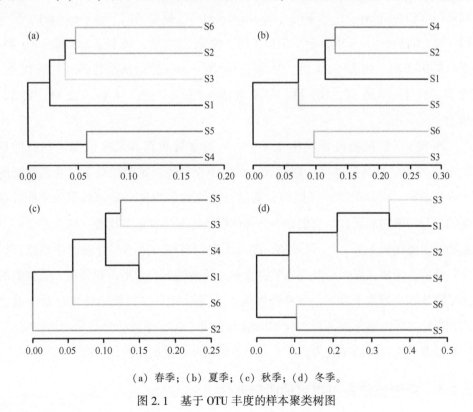

（a）春季；（b）夏季；（c）秋季；（d）冬季。

图 2.1　基于 OTU 丰度的样本聚类树图

较大。在图 2.1（d）中，冬季下游区域 S5 和 S6 采样点聚为一支，样本比较相似，并且上游与下游区域的样本呈现一定的差异。这是因为冬季为枯水期，河水水流速度比较慢，水体交换能力弱，因此相近采样点的群落相似度也相对较高。

2.2.4 浮游植物种类组成

经调查，汾河太原段浮游植物种类繁多，组成较为复杂，共鉴定出 5 门、16 纲、39 目、89 科、244 属、330 种。

蓝藻门仅 1 纲，为蓝藻纲（Cyanophyceae），包括 5 目、17 科、35 属、19 种。其中，春季包括 4 目、6 科、7 属、5 种，夏季包括 5 目、17 科、33 属、15 种，秋季包括 4 目、7 科、9 属、2 种，冬季包括 2 目、2 科、3 属、2 种。

真核藻类共鉴定出 4 门、15 纲、34 目、72 科、209 属、311 种，4 门分别为绿藻门（Chlorophyta）、硅藻门（Bacillariophyta）、棕鞭藻门（Ochrophyta）、隐藻门（Cryptophyta）。其中，春季包括 3 门、12 纲、25 目、56 科、153 属、201 种，夏季包括 3 门、10 纲、24 目、53 科、142 属、183 种，秋季包括 3 门、12 纲、22 目、52 科、126 属、161 种，冬季包括 4 门、11 纲、14 目、32 科、45 属、39 种。

季节性浮游植物种群受生态驱动，藻类演替和营养水平限制了种群的聚集[98]。浮游植物演替遵循一般模式，在冬季至初春，冰封条件下，硅藻种群的数量会增加。在春季循环（周转）期间，硅藻的生物量会随着春季的光照、温度和养分的增加而增加，它们在弱光和低温条件下具有竞争优势，成为春季浮游植物的主要优势类群[99]。到夏初，随着水温的升高，蓝藻与绿藻的生物量开始达到峰值。绿藻在夏季不断升高的温度和光照条件下大量生长和繁殖，直到氮的含量降低到更替水平以下，该种群数量才受到限制[99]。浮游植物生物量在夏季达到高峰之后，通常进入夏末秋初的清水阶段，这与浮游动物数量的增加有关，这些浮游动物以浮游植物为食，从而导致绿藻和蓝藻的生物量下降。

2.2.5 浮游植物相对丰度的时空变化

四个季节各采样点浮游植物群落结构在门水平上的相对丰度如图 2.2 所示。

在所有季节中，绿藻门所占比例最高，除此之外，春季与秋季相对丰度依次为硅藻门、棕鞭藻门、蓝藻门。硅藻在低温和高营养水平条件下所占比例较高。夏季蓝藻门相对丰度有所增加，硅藻门与棕鞭藻门的相对丰度减少。冬季棕鞭藻门的相对丰度显著高于其他季节，并且出现了隐藻门，其相对丰度在 S2 采样点占到 22.55%，但该时期蓝藻门与硅藻门所占比例均有所下降，且下游硅藻门的比重仅占 0.10%~0.59%。测序过程中蓝藻门的相对丰度较低，一方面可能是由于数据库中所包含的蓝藻类群基因较少，另一方面可能与引物偏倚有关。然而，与之前的形态鉴定方法相比，本研究所识别到的类群更多，有助于进一步研究藻类之间的相互作用。

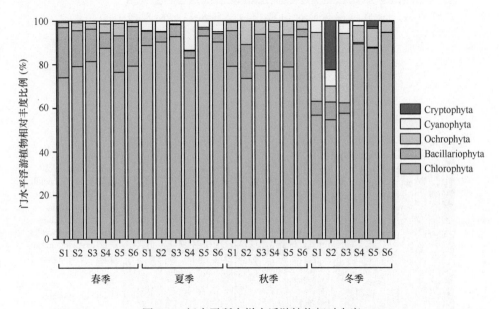

图 2.2　门水平所有样本浮游植物相对丰度

纲水平浮游植物相对丰度如图 2.3 所示，春季与秋季类群的相对丰度较为相似，主要包括绿藻纲（Chlorophyceae）、中心硅藻纲（Coscinodiscophyceae）和共球藻纲（Trebouxiophyceae）。夏季包括绿藻纲、共球藻纲和蓝藻纲。冬季包括绿藻纲、中心硅藻纲、共球藻纲和蓝藻纲。

目水平浮游植物相对丰度如图 2.4 所示，环藻目（Sphaeropleales）均是四个季节的优势类群。除此之外，春季目水平上的优势类群包括海链藻目（Thalassio-

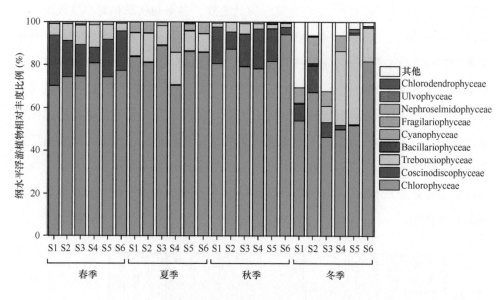

图 2.3 纲水平所有样本浮游植物相对丰度

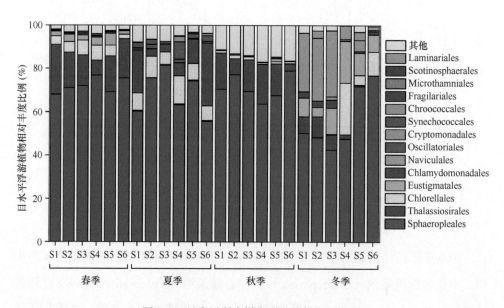

图 2.4 目水平所有样本浮游植物相对丰度

sirales)、小球藻目（Chlorellales）和大眼藻目（Eustigmatales）。夏季主要包括小球藻目、衣藻目（Chlamydomonadales）和聚球藻目（Synechococcales）。冬季优

势类群与其他季节表现出显著差异，主要为棕鞭藻门（Ochrophyta）的大眼藻目和海带目（Laminariales）。在冬季的 S2 采样点观察到隐藻目（Cryptomonadales）的丰度占到 30%。

科水平浮游植物相对丰度如图 2.5 所示。春季与秋季优势类群相似，主要为栅藻科（Scenedesmaceae）、Mychonastaceae 和冠盘藻科（Stephanodiscaceae）。夏季科水平上的优势类群主要包括栅藻科、Mychonastaceae、Selenastraceae、水网藻科（Hydrodictyaceae）和小球藻科（Chlorellaceae）。冬季 Selenastraceae 和 Monodopsidaceae 的相对丰度显著高于其他季节。

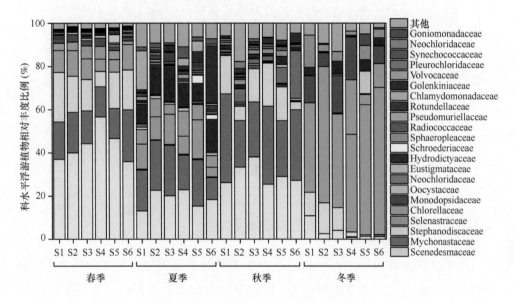

图 2.5 科水平所有样本浮游植物相对丰度

属水平浮游植物相对丰度如图 2.6 所示，链带藻属（*Desmodesmus*）是春、夏两季绿藻门中相对丰度较高的属，其次是麦可藻属（*Mychonastes*）、小环藻属（*Cyclotella*）、空星藻属（*Coelastrum*）和 *Nephrochlamys*。夏季 *Pseudopediastrum* 类群的相对丰度显著高于其他季节。麦可藻属是秋季绿藻门丰度最高的属，其次是栅藻属（*Scenedesmus*）和硅藻门的星盘藻属（*Discostella*）。冬季单针藻属（*Monoraphidium*）和巨藻属（*Lessonia*）是相对丰度最高的属。

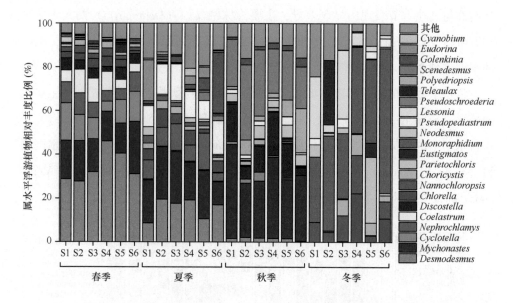

图 2.6　属水平所有样本浮游植物相对丰度

2.2.6　线性判别分析效应大小（LEfSe）分析

2.2.6.1　真核藻类 LEfSe 的时空分布特征

为了在季节和空间上识别从门到属水平差异丰富的分类单元，使用 LEfSe 分析进行生物标记。真核藻类 LEfSe 的季节分布如图 2.7 所示，结果表明，科和属水平是不同季节中识别的主要潜在生物标志物。春季发现七个具有显著差异的指示类群，包括 Mediophyceae、冠盘藻目（Stephanodiscales）、冠盘藻科、栅藻科、四链藻属（Tetradesmus）、链带藻属和小环藻属，其 LDA 分值除四链藻属外均大于 4.5。目水平的衣藻目、科水平的小桩藻科（Characiaceae）、属水平的圆小桩藻属（Pseudoschroederia）是夏季识别到的能够起重要作用的类群，其 LDA 分值大于 4.5；除此之外，还有 Rotundellaceae、Rotundella 和 Tetraedriella。秋季识别的具有显著差异的类群较少，包括辐球藻科（Radiococcaceae）、栅藻属、星盘藻属和卵囊孢藻属（Follicularia）。冬季识别到的关键类群包括目水平的大眼藻目、科水平的 Neochloridaceae 和 Monodopsidaceae、属水平的单针藻属和微拟球藻属（*Nannochloropsis*），其 LDA 分值均大于 4.0。

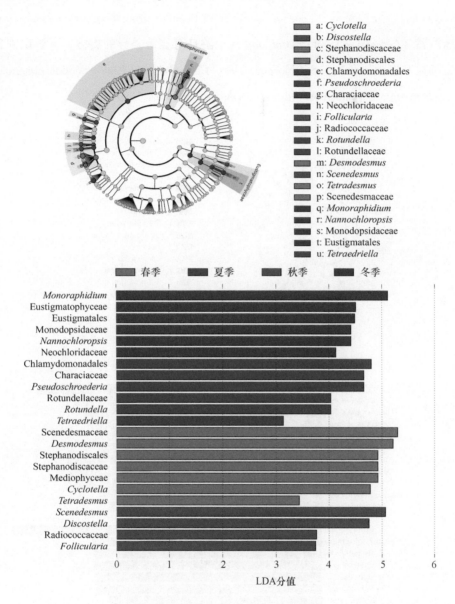

图 2.7　真核浮游植物群落各季节 LEfSe 分析环形图和柱状图

真核藻类 LEfSe 的空间分布如图 2.8 所示，结果表明，绿藻门、硅藻门是占主导地位的两个门类。上游富集的生物标记类群在目水平上为 Thalassiophysales，科水平上为 Catenulaceae，属水平上为双眉藻属（*Amphora*）、新绿藻属（*Neochlo-*

ris）和 *Hindakia*，其 LDA 分值均大于 3.0。共球藻目（Trebouxiophyceae ordo incertae sedis）、胶球藻科（Coccomyxaceae）和 Pseudomuriellaceae、*Pseudomuriella*、胶球藻属（*Coccomyxa*）和 *Chloroidium* 是中游具有显著差异的类群。下游识别到的关键类群包括绿藻门、Scotinosphaerales、Chromochloridaceae、Scotinosphaeraceae、*Scherffelia*、*Chromochloris* 和 *Scotinosphaera*，其 LDA 分值均大于 2.5。

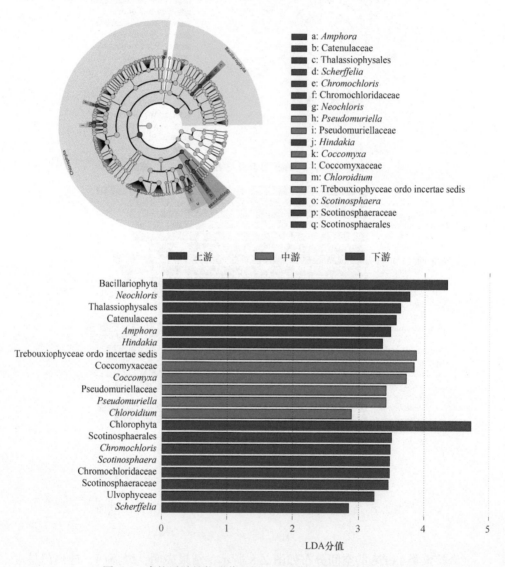

图 2.8　真核浮游植物群落空间 LEfSe 分析环形图和柱状图

2.2.6.2　蓝藻 LEfSe 分析

蓝藻 LEfSe 的季节分布如图 2.9 所示，春季发现三个浮游植物类群，即聚球藻目、Prochlorotrichaceae 和结丝藻属（*Nodosilinea*），其 LDA 分值均大于 4.5。夏季识别到的能够起重要作用的类群仅有颤藻目（Oscillatoriales）。秋季识别到的具有显著差异的类群包括科水平的伪鱼腥藻科（Pseudanabaenaceae）、细鞘丝藻亚科（Leptolyngbyaceae）、颤藻科（Oscillatoriaceae）和属水平的鞘丝藻属（*Lyngbya*）。冬季所识别到的关键类群包括平裂藻科（Merismopediaceae）、集胞藻属（*Synechocystis*）和胶鞘藻属（*Phormidium*），其 LDA 分值均大于 4.5。

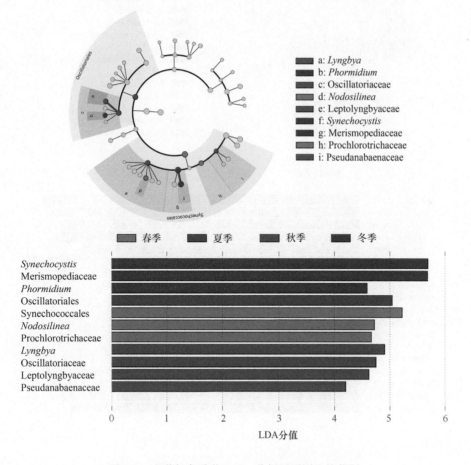

图 2.9　蓝藻门各季节 LEfSe 分析环形图和柱状图

　　蓝藻 LEfSe 的空间分布如图 2.10 所示，上游富集的生物标记类群主要为聚球藻属（*Synechococcus*）、浮丝藻属（*Planktothrix*）和胶鞘藻属，其 LDA 分值均大于 4.0。平裂藻科、聚球藻科（Synechococcaceae）、蓝藻属（*Cyanobacterium*）、集胞藻属和双色藻（*Cyanobium*）均是中游具有显著差异的类群。下游识别到的关键类群包括颤藻科、细鞘丝藻亚科、细鞘丝藻属（*Leptolyngbya*）和鞘丝藻属，其 LDA 分值均大于 4.0。

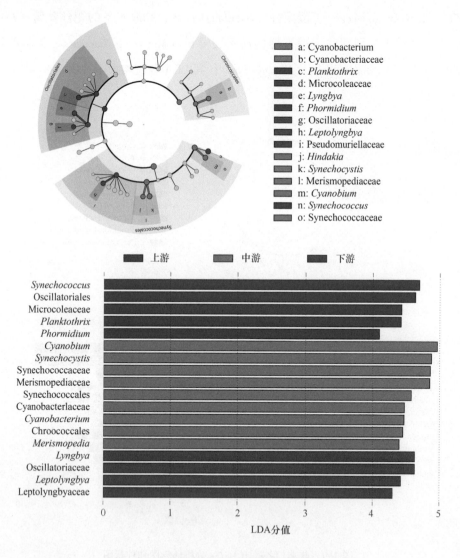

图 2.10　蓝藻门空间 LEfSe 分析环形图和柱状图

2.2.7　藻类共发生网络

水生生态系统由不同大小的生物连接的网络所组成，并通过物种间相互作用（包括共生、竞争和寄生）得以维持[100]。鉴于藻类相互作用对河流功能的影响可能大于对生物多样性的影响，本书建立了各个季节的藻类共现模式以探索类群之间的演替，这不仅可以反映复杂群落中微生物之间的潜在相互作用，而且可以反映历史效应、合作和栖息地过滤等生态过程[101]。

表 2.5 列出了浮游植物网络随时间变化的拓扑特性，将分子生态网络和 Erdös-Réyni 随机网络的一些拓扑参数，包括平均聚类系数、平均路径长度和模块化指数进行了比较。结果表明，分子生态网络的网络拓扑参数均高于 Erdös-Réyni 随机网络，表明网络结构不是随机分布的。分子生态网络的模块化程度高于 0.4，表明网络具有由紧密连接的节点组成的模块化结构，并形成了"小世界"的拓扑结构，可用于浮游植物相互作用的后续研究。研究表明，具有相似生态位的物种可能在环境资源稀缺的情况下表现出竞争或捕食（负相关）关系，而在资源丰富的条件下可能反映出相互合作（正相关）[102] 关系。这些正相关的联系可能是由于具有相似的形态、生理和生化特征[30,103]，在类似的环境条件下可以构成相同功能群；相反，出现负相关的类群可能是不同的功能群，代表不同的生态策略，它们的生物地球化学特征与营养吸收能力不同[104]。此外，在整个网络中，通常将具有高度（Degree）和低中介中心性（Betweenness centrality）的节点划分为共发生网络中的关键类群，其对维持生态系统的稳定性非常重要[105]。

表 2.5　各季节浮游植物群落共发生网络及对应的 Erdös-Réyni 随机网络的拓扑参数

	参数	春季	夏季	秋季	冬季
分子生态网络	平均连通度（边）	4.776	5.860	4.920	4.108
	平均聚类系数	0.682	0.674	0.646	0.647
	平均路径长度	5.607	5.093	4.456	2.944
	模块化指数	0.900	1.674	4.133	1.261
Erdös-Réyni 随机网络	平均聚类系数	0.128±0.005	0.110±0.004	0.088±0.003	0.081±0.006
	平均路径长度	2.487±0.003	2.421±0.002	2.576±0.007	2.511±0.005
	模块化指数	0.338±0.007	0.336±0.002	0.338±0.004	0.342±0.005

如图 2.11 所示，春季浮游植物群落的共发生网络包含 49 个节点和 117 条边，其模块化程度最低，但平均路径长度和平均聚类系数均高于其他季节。在网络中的所有类群中，绿藻门占 67.35%，蓝藻门占 18.37%，硅藻门占 8.16%，棕鞭藻门占 6.12%。正相关连接数为 100，负相关连接数为 17。集胞藻属是网络中连接度最高的蓝藻类群，其与绿藻门索囊藻属（*Choricystis*）、四星藻属（*Tetrastrum*）、四链藻属、栅藻属同 *Chloroidium* 之间的关系均为正相关。索囊藻属可以与大多数绿藻门小球藻属（*Chlorella*）、四星藻属、四链藻属，以及棕鞭藻门的微拟球藻属共同生长，而与 *Chlorotetraëdron* 呈负相关关系。硅藻门 *Stephanodiscus* 与小环藻属、绿藻门肾形藻属、蓝藻门鞘丝藻属均呈正相关关系。棕鞭藻门真眼点藻属有助于绿藻门链带藻属和 *Golenkinia* 的生长，而与 *Coelastrella* 相互排斥。

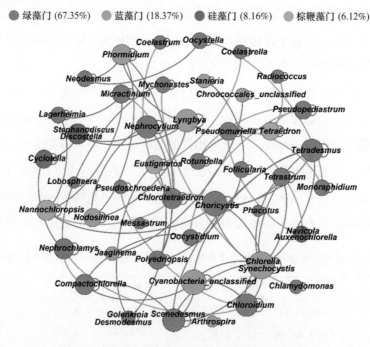

图 2.11　春季基于属水平的浮游植物群落共现模式

红线表示正相关；绿线表示负相关。节点的大小表示不同的连接度。图 2.11 至图 2.14 同

夏季网络有 57 个节点与 167 条边（图 2.12），其节点和连接数明显高于其他季节，网络更大且更复杂，平均连通度也较高。在网络中的所有类群中，绿藻

门和蓝藻门分别占 64.91% 和 29.82%。正相互作用占 77%，负相互作用占 23%，表明藻群落之间倾向于相互合作。隶属于蓝藻门的节点细鞘丝藻属连接度最高，包括 1 个正相关连接（空球藻属）和 5 个负相关连接（麦可藻属、*Pseudopedias-trum*、*Rotundella*、索囊藻属、四星藻属）。细鞘丝藻属是蓝藻门中最常见的属，其能够广泛分布在淡水、海洋、田地、沼泽等多种生态环境中，并通过参与固氮与光合作用以维持生态系统的碳氮平衡。作为夏季较为丰富的属，*Pseudopedias-trum* 与链带藻属、小球藻属、*Rotundella*、栅藻属、四星藻属形成了共生关系，而与蓝藻门的 *Chroakolemma* 和 *Kamptonema* 相互排斥。

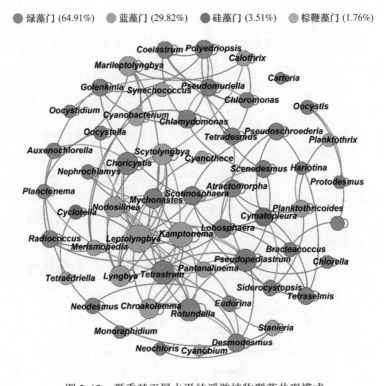

图 2.12　夏季基于属水平的浮游植物群落共现模式

秋季网络包括 50 个节点和 123 条边（图 2.13），网络复杂程度仅次于夏季，模块化程度显著高于其他季节，藻类之间的连接更为紧密，表明浮游植物的生态位分化程度较高。与分散位生态系统相比，高模块化可能会增加生态系统的复杂性与稳定性[106]，表明秋季的浮游植物类群在抵御外界环境干扰方面表现出很强的稳定性。在构成网络的类群中，绿藻门和蓝藻门分别占 60% 和 22%，棕鞭藻门占 14%，与其他季节相比有所增加，硅藻门仅占 4%。正相关连接数为 88，负相关连接数为 35。属于蓝藻门的节点项圈藻属（*Anabaenopsis*）连接度最高，包括 5 个正向连接，分别为索囊藻属、角绿藻属（*Goniochloris*）、蒜头藻属（*Monodus*）、衣藻属（*Chlamydomonas*）和四鞭藻属，还包括 2 个负向连接（麦可藻属和卵囊孢藻属）。棕鞭藻门角绿藻属的连接度仅次于项圈藻属，其与较为丰富的硅藻门的星盘藻属呈共排斥关系，与绿藻门的 *Protodesmus*、胶网藻属（*Dictyosphaerium*）、卵胞藻属（*Oocystidium*）、衣藻属均趋向于共表达。

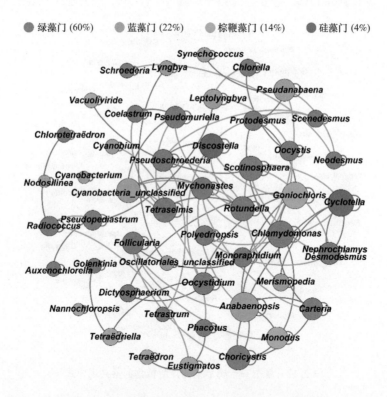

图 2.13　秋季基于属水平的浮游植物群落共现模式

冬季网络包括 37 个节点和 76 条边，拥有最少的节点和边（图 2.14）。在网络中的所有类群中，绿藻门占 59.46%，其次为棕鞭藻门，占 13.51%，蓝藻门占 10.81%，隐藻门和硅藻门各占 8.11%。正相关连接数为 62，负相关连接数为

14。小球藻属为冬季网络中连接度最高的节点，与绿藻门的索囊藻属、*Chlorotetraëdron*、麦可藻属、四角藻属（*Tetraëdron*）、四星藻属均呈正相关，与硅藻门的环冠藻属（*Cyclostephanos*）呈负相关。冬季最为丰富的是单针藻属，其仅与 *Chlorotetraëdron* 呈负相关。棕鞭藻门的微拟球藻属与泡绿藻属（*Vacuoliviride*）、麦可藻属、四星藻属能够相互共存，而与四鞭藻属（*Carteria*）相互排斥。

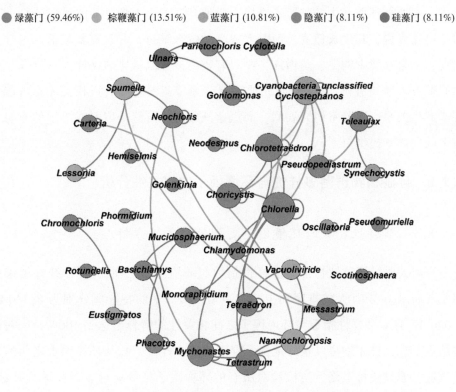

图 2.14　冬季基于属水平的浮游植物群落共现模式

本研究中，四个季节的共发生网络均表现出正相互作用的数量大于负相互作用的数量，表明藻类群落之间倾向于相互共生。此外，春、夏、秋三个季节连接度最高的类群均隶属于蓝藻门，如集胞藻属（*Synechocystis*）、细鞘丝藻属（*Leptolyngbya*）、项圈藻属（*Anabaenopsis*）被认为是维持生态网络稳定性的关键类群，这些类群的消失可能导致网络解体。蓝藻是唯一具有产氧光合作用的原核生物，存在于不同的生态位，是全球碳氮循环的重要参与者。本研究中，蓝藻门作为具有较高连接度的节点，与其他藻类群落呈现较强的关系，这与 Liu 等[107] 得出的结论一致，故蓝藻与真核浮游植物之间是密切相关的。虽然共发生网络可以预测类群之间的直接关联，但微生物也可能基于环境偏好等间接原因表现出正相关或负相关[108]。因此，浮游植物的生长除受藻类之间的相互作用或拮抗作用外，也会受到外界环境的影响。例如，蓝藻会通过浮力调节、储存磷的能力、固氮能力、在低光条件下捕捉光线以及形成稳定生物量的能力，对所处环境产生一种特殊适应，以使其在竞争中超过其他浮游植物[109]。对于硅藻来说，其生长速度一般需要较高的磷来维持，并且需要较低的最佳氮磷比，如果环境中的氮、磷增加，则具有较高最佳氮磷比的物种（如绿藻、蓝藻）将在竞争中胜出[110]。本研究观察到硅藻与蓝藻之间的正相关关系可能是源于共生关系。实验室研究表明，固氮蓝藻共生体可能是以氨或溶解的有机氮的形式向硅藻提供氮[111]。

2.2.8 浮游植物群落多样性与环境因子的相关性分析

2.2.8.1 多样性指数与环境因子之间的相关性分析

汾河太原段浮游植物群落多样性指数与环境因子之间的 RDA 统计结果如表 2.6 所示。在 RDA 的排序轴中，第一轴、第二轴的特征值分别为 0.740 0、0.000 3，且对多样性指数与环境因子之间相关性的解释率达到 100%，表明排序结果可靠，排序轴可以很好地揭示浮游植物多样性指数与环境因子之间的生态效应。通过蒙特卡洛置换检验对所有的环境因子是否具有显著性进行筛选，结果表明，P 小于 0.01 的环境因子包括 DOC（$F=21.8$，$P=0.002$）和 NO_2^-（$F=15.7$，$P=0.002$），这两个因子对浮游植物多样性具有显著影响（表 2.7）。浮游植物多样性指数与环境因子之间的 RDA 分析如图 2.15 所示，Shannon 指数与 WT 和 DOC 具有正相关关系，表明其受到综合水质的影响。Chao 指数、ACE 指数与 NO_3^- 均呈正相关，而与 NO_2^- 均呈负相关。此外，WT、DOC 与 NO_3^- 也均具有正相关关系。

表 2.6　浮游植物多样性指数与环境因子的 RDA 统计结果

统计轴	特征值	多样性指数–环境相关性	累计变异率（%）	
			物种数据方差	物种–环境关系
第一轴	0.740 0	0.861 4	74.00	99.96
第二轴	0.000 3	0.329 2	74.03	100.00

表 2.7　蒙特卡洛检验环境因子的显著性

环境因子	解释度（%）	贡献度（%）	F 值	显著性 P 值
DOC	49.8	67.2	21.8	0.002
NO_2^-	21.5	29.0	15.7	0.002
NO_3^-	2.1	2.8	1.6	0.188
WT	0.7	0.9	0.5	0.494
PO_4^{3-}	< 0.1	< 0.1	< 0.1	0.97

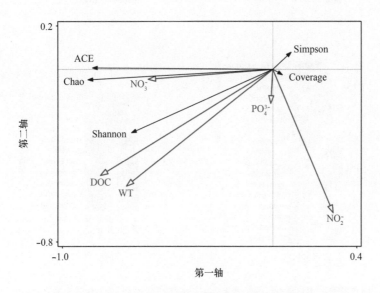

图 2.15　浮游植物多样性指数与环境因子的 RDA 分析

2.2.8.2 浮游植物群落优势属与环境生态因子的相关性热图

浮游植物群落每个季节优势属与环境生态因子的相关性热图如图 2.16 所示。春季，肾形藻属（*Nephrocytium*）、结丝藻属、多突藻属（*Polyedriopsis*）与 PO_4^{3-} 均呈显著正相关（$P<0.05$），拉氏藻属（*Lagerheimia*）、空星藻属、微芒藻属（*Micractinium*）、叶球藻属（*Lobosphaera*）、单针藻属与 NO_3^- 均呈显著正相关

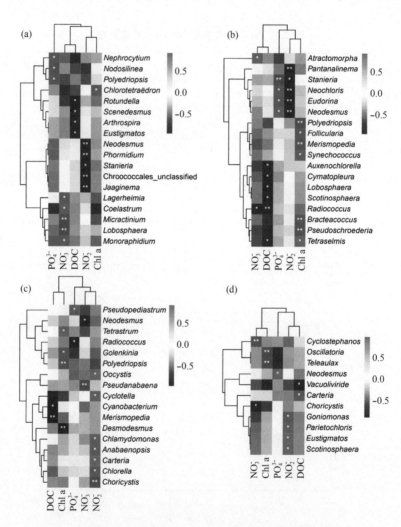

（a）春季；（b）夏季；（c）秋季；（d）冬季。* 表示 $P < 0.05$；** 表示 $P < 0.01$。

图 2.16 基于浮游植物优势属与环境生态因子相关性热图

（$P<0.05$），*Rotundella*、螺旋藻属（*Arthrospira*）、栅藻属、真眼点藻属（*Eustigmatos*）与 DOC 均呈显著负相关，*Neodesmus*、胶鞘藻属、*Stanieria*、*Jaaginema* 与 NO_2^- 均呈显著负相关［图 2.16（a）］。夏季，新绿藻属、空球藻属（*Eudorina*）、*Neodesmus* 与 PO_4^{3-} 均呈显著正相关，而与 NO_2^- 呈显著负相关；原壳藻属（*Auxenochlorella*）、波缘藻属（*Cymatopleura*）、*Scotinosphaera*、辐球藻属（*Radiococcus*）、四片藻（*Tetraselmis*）与 DOC 均呈显著负相关（$P<0.05$）［图 2.16（b）］。秋季，蓝藻门的项圈藻属作为维持秋季生态相互作用网络稳定的关键类群，与 NO_2^- 呈显著正相关，而蓝藻门的蓝藻属和平裂藻属（*Merismopedia*）与 DOC 均呈显著负相关［图 2.16（c）］。冬季，古尼隐藻属（*Goniomonas*）、真眼点藻属、*Parietochloris*、*Scotinosphaera* 与 NO_2^- 均呈显著正相关（$P<0.05$）［图 2.16（d）］。

　　本研究结果表明，藻类受环境因素的影响强烈。其他研究同样表明淡水生态系统中的浮游植物与环境因子有较为一致的变化趋势，因为它们对环境扰动的反应迅速而强烈[112]。营养盐是浮游植物生长繁殖的基础，是控制水体初级生产力水平的主要因素，也是季节变化期间影响浮游植物群落的重要环境因素[96]。在结果中，可能观察到当隶属于同一个门的类群处于不同时期时，其受到营养盐的作用也会有差异，这主要归因于在不同的时期，每一个门类的优势类群是不同的，并且区域的其他环境参数也会对其产生综合影响[113]。此外，浮游植物对养分的吸收通常是按照一定的比率，即 C∶N∶P＝106∶16∶1，这一恒定比率被称为 Redfield 比率。研究表明，低氮磷比和高 PO_4^{3-} 浓度有利于硅藻的生长[114]。但不同的浮游植物对营养盐（如不同形态氮）的吸收同化也会存在一定的差异。叶绿素 a 是浮游植物进行光合作用最主要的色素，在藻类的生长中起着重要的作用，其多用来反映藻类的生物量与密度。本研究中，叶绿素 a 与大多数藻类均呈显著正相关，可以很好地反映浮游植物的生物量动态变化情况。

2.3　小结

　　（1）汾河太原段共鉴定出 5 门、16 纲、39 目、89 科、244 属、330 种。春季浮游植物的多样性和物种数量显著高于其他季节。

（2）本研究中，四个季节的共发生网络均表现出正相互作用的数量大于负相互作用的数量，表明藻类群落之间倾向于相互合作、彼此共生。春、夏、秋三个季节连接度最高的类群均隶属于蓝藻门，如 *Synechocystis*、*Leptolyngbya*、*Anabaenopsis* 被认为是维持生态网络稳定性的关键类群，与其他藻类群落呈现较强的相关性。

（3）RDA 分析表明，DOC 与 NO_2^- 是驱动浮游植物多样性最显著的两个变量。

第3章 浮游植物初级生产力的时空变化规律及环境驱动因素

碳是所有水生生物所必需的基本元素，其既是养分的来源，也是湖泊代谢过程的载体。因此，在内陆水系统的生物地球化学循环研究中，碳是一个值得关注的内容。评估河流生态系统中的碳循环过程，对维持大气和相关流域碳供应与初级生产者净碳需求之间的平衡具有重要意义[115]。

在碳循环中，由碳汇转化为碳源的过程主要涉及参与光合固碳的浮游植物和影响复杂生物化学反应的环境变量[116]。浮游植物初级生产力可以反映水体的生态和营养状况，它被认为是估计生产效率、评价富营养化、营养水平和水环境健康状况的重要指标[117]。但浮游植物初级生产力对环境的响应非常敏感，尤其是近年来人类活动的增加导致气候变化加剧，其在一定程度上受到外部条件的影响和调控（物理、化学和生物因素），包括温度、光照强度、pH、浮游动物和食草动物的捕食，以及对浮游植物的生长发育和流域生物地球化学循环有显著影响的营养盐的输入[53]。此外，浮游植物作为溶解性有机碳（DOC）来源的重要性已在海洋和淡水生态系统中得到充分记录，研究表明，光合作用过程中藻类释放到河流中的有机化合物约占净初级生产力的50%[118]。然而，目前DOC与浮游植物代谢关系的研究仍然较少，环境变量之间相互作用驱动光合作用的净效应仍不清楚。因此，了解浮游植物的时空分布、初级生产力的行为及其控制因素在水质环境变化和生态系统的恢复与管理中非常重要[119]。

本研究将环境数据集与监测工作和统计分析相结合，探究影响浮游植物初级生产力的生物、物理和化学因素。同时确定影响水质的多个变量之间的复杂相互作用，将有助于解决与水体富营养化有关的问题，为汾河流域特别是城市河流的管理提供理论基础。

3.1 材料与方法

3.1.1 采样时间与采样点位置

本章节样品采样时间为 2018 年 4—5 月（春季）、6—8 月（夏季）和 9—10 月（秋季），采样频率为每周一次。采样点位置同第 2.1.1 节。

表 3.1 为 2018 年采样时期的太原市气象指标数据，主要包括气温、降雨量、日照时数、太阳总辐射强度（日照强度）。本研究中的气象数据均来自国家气象科学数据中心。

表 3.1　2018 年研究区气象数据情况

气象指标	单位	春季	夏季	秋季
气温	℃	20.45	25.40	17.88
降雨量	mm	28.99	99.37	25.19
日照时数	h	180.53	190.55	140.00
太阳总辐射强度	$W \cdot m^{-2}$	245.40	259.19	191.27

3.1.2 浮游植物丰度测定

将浮游植物样品中加入 15% 鲁哥试剂进行固定处理，沉淀 48 h 后将其浓缩至 30 mL 并置于塑料小瓶内；再将浓缩后的浮游植物样品（30 mL）混匀后在显微镜下（Olympus BX51）进行镜检，利用血球计数板对细胞丰度进行计数。根据文献 ［13］ 和 ［120］ 中描述的方法，对随机区域中不同浮游植物进行鉴定。浮游植物细胞丰度计算公式如下：

$$N = (A/A_c) \times (V_w/V) \times n \tag{3.1}$$

式中，N 为浮游植物丰度；A 为计数框的面积（400 mm^2）；A_c 为计数面积（mm^2）；V_w 为样品经过沉淀浓缩后的体积（30 mL）；V 为计数框的体积（0.1 mL）；n 为浮游植物个数。

3.1.3　水质参数测定

在每个采样点采集水样，并分析其水质参数，包括 WT、pH、溶解氧（DO）、NO_3^-、NO_2^-、NH_4^+、PO_4^{3-}、DOC、高锰酸盐指数（COD_{Mn}）、化学需氧量（COD_{Cr}）。其中，WT、pH、DO 利用便携式溶解氧/温度仪（DZB-718）进行测定，NH_4^+ 采用纳式试剂比色分光光度法测定，COD_{Mn} 采用酸式高锰酸钾法测定，COD_{Cr} 采用重铬酸盐法测定。用于测定营养盐和生产力的样品固定在受控条件下，立即送至实验室进行后续的分析，所有的样品贴上标签，并保存在装有干冰的冰盒中。本章节中 NO_3^-、NO_2^-、PO_4^{3-}、DOC 的测定方法见第 2.1.2 节。

3.1.4　叶绿素 a 含量测定

本章节中的叶绿素 a 含量的测定方法见第 2.1.3 节。

3.1.5　初级生产力测定

依据《水质　初级生产力测定——"黑白瓶"测定法》（SL 354—2006），采用生物需氧量（BOD）方法来估计每个采样点浮游植物的总初级生产力及群落呼吸。以 250 mL 具塞透明试剂瓶作为白瓶，黑瓶则使用黑布将棕色试剂瓶包紧以遮蔽光线，所有瓶子在装样品前均需润洗，并且瓶内不应留有空气。使用有机玻璃采水器从原位采集表层水，倒入 9 个试剂瓶（3 个白瓶、3 个黑瓶、3 个初始瓶），在同样的采水深度原位曝光 24 h 后，取出试剂瓶立即加入碱性碘化钾及硫酸锰对样品进行固定，测定黑瓶和白瓶中 DO 的含量。通过培养开始和培养结束时 DO 的含量，得出光合作用过程中氧的产生和消耗量。

浮游植物净初级生产力（NPP）及群落呼吸（CR）（单位：$mg \cdot m^{-3} \cdot h^{-1}$）的计算公式如下：

$$NPP = [(LB - IB) \times 1\,000 \times 0.375]/(PQ \times t) \tag{3.2}$$

$$CR = [(IB - DB) \times 1\,000 \times RQ \times 0.375]/t \tag{3.3}$$

式中，IB 为初始瓶中 DO 的含量；LB 为白瓶中 DO 的含量；DB 为黑瓶中 DO 的含量；0.375 为碳与氧的摩尔数之比（12 mg/32 mg＝0.375）；PQ 为光合熵，表示单位时间内光合作用过程中吸收 CO_2 量与释放 O_2 量的比值，取值为 1.2；RQ 为呼吸熵，表示单位时间内呼吸过程中释放 CO_2 量与吸收 O_2 量的比值，取值为 1.0；t 为培养时间（h）。

3.1.6 数据处理

本研究中所有的参数均设置了三次重复，利用平均值±标准差呈现所测数据，并使用 SPSS 26.0（IBM Inc）软件检验数据是否具有显著差异，P 小于 0.05 代表在统计学上具有显著差异。使用 R 4.0.3 软件的"FactoMineR"包进行基于 k 均值聚类的主成分分析以评价汾河太原段的水质特征。使用 R 4.0.3 软件的"lm"函数对各参数进行线性回归拟合。

分类程序是生态学中应用最为广泛的统计方法之一。随机森林模型（Random forest，RF）是一种强大的统计分类器，在其他学科（如生物信息学）中已经得到了很好的应用[121]，但在生态学中的应用较少。该模型可以对许多问题的潜在现象提供一定的理解，并表征一些特征变量对分类模型的重要性（贡献程度)[122]。该模型目前包括两种指数，即平均准确度下降和平均基尼不纯度下降。这两种指数值越大，说明该变量的重要性程度也越高，并且这两种指数可以互相对比和印证，但大多数研究多采用平均准确度下降的方法。因此，本研究利用随机森林模型分别从时间和空间上评估浮游植物丰度及环境参数 15 个因子对总初级生产力的重要性评价。

3.2 结果与讨论

3.2.1 水质参数及叶绿素 a 的时空变化规律

水质参数的变化规律以及单因素方差分析结果如表 3.2 所示。在本研究中，WT 在夏季达到最高值，为 28.2℃，且季节变化在统计学上具有显著差异（$P<0.05$)，但在各采样点之间无明显差异（$P=0.919$）。汾河太原段水体的 pH 呈微碱性，波动范围为 7.04~8.51，在季节上具有显著差异（$P<0.05$）。在空间

上，pH 值在 S4 采样点达到最高（8.197 ± 0.145）。

表 3.2　汾河太原段水质参数及叶绿素 a 季节变化（平均值±标准差）

变量	春季	夏季	秋季	时间 P 值	空间 P 值
WT（℃）	22.667±1.097	24.083±0.316	22.333±1.119	0.012	0.919
pH 值	8.213±0.145	7.964±0.120	8.153±0.195	0.037	0.307
DO（mg·L^{-1}）	6.833±0.327	6.104±0.355	6.175±0.417	0.007	0.612
COD$_{Mn}$（mg·L^{-1}）	3.805±0.555	5.560±1.251	4.969±1.106	0.027	0.007
COD$_{Cr}$（mg·L^{-1}）	12.833±2.787	23.458±4.905	16.917±9.609	0.036	0.332
DOC（mg·L^{-1}）	5.878±0.570	6.627±0.419	6.535±0.548	0.048	0.345
NH$_4^+$（mg·L^{-1}）	0.368±0.194	0.622±0.421	0.614±0.303	0.322	0.003
NO$_3^-$（mg·L^{-1}）	1.864±0.701	1.634±0.594	1.521±0.579	0.636	0.055
NO$_2^-$（mg·L^{-1}）	0.030±0.024	0.084±0.017	0.112±0.049	0.002	0.905
PO$_4^{3-}$（mg·L^{-1}）	0.190±0.078	0.098±0.033	0.101±0.101	0.048	0.497
Chl a（mg·m^{-3}）	33.050±6.613	40.750±12.824	44.283±10.147	0.183	0.000

DO 是表征河流生物健康最重要的指标之一。影响自然界中 DO 含量的因素可分为两大类：第一类包括河流的地球物理特征，如淡水流量、河流的地貌和区域温度；第二类是与河流本身的物理和化学特征相关，涉及自然或人为来源的各种溶解氧源和汇[123]。然而，由于水文气象条件的变化以及光合作用、呼吸作用和有机物分解等生物过程的强度，这种依赖性也会发生改变，使得 DO 含量呈现一定的时空变化趋势。春季 DO 含量最高值为 7.2 mg·L^{-1}，高溶解氧有助于水生生态系统中各类污染物的降解，加速水体的净化速率；夏季 DO 含量较低，低溶解氧条件下污染物降解较为缓慢。在空间上，DO 含量在 S3 采样点达到最大值 6.6 mg·L^{-1}，在 S1 采样点出现最小值 5.9 mg·L^{-1}。

DOC 在维持群落结构方面发挥着重要的作用。夏季平均 DOC 浓度为 6.627 mg·L^{-1}，春季为 5.878 mg·L^{-1}，在季节上具有显著差异（$P<0.05$）。夏季高温有利于藻类的大量生长繁殖，从而释放了较多的有机碳。在空间上，

DOC 浓度在上游 S2 采样点达到最大值，为 6.949 mg · L^{-1}。COD$_{Mn}$ 和 COD$_{Cr}$ 是评价有机污染水平的国际标准指标，在本研究中，夏季的有机物浓度最高，春季最低。当 COD$_{Mn}$ 大于 4 mg · L^{-1} 时，表明水体已经受到一定程度的污染。因此，汾河太原段夏季与秋季的有机污染较为严重。但是参照环境质量标准，该指标符合《地表水环境质量标准》（GB 3838—2002）限定的Ⅲ类水质标准（≤ 6 mg · L^{-1}）。在空间上，COD$_{Mn}$ 在 S6 采样点的浓度（7.119 mg · L^{-1}）显著高于其他采样点，最小值出现在 S1 采样点，浓度为 4.263 mg · L^{-1}，在空间上具有统计学意义（$P<0.01$）。COD$_{Cr}$ 变化范围为 15.429 ~ 26.858 mg · L^{-1}。

营养盐被认为是水生生态系统浮游植物生长繁殖的主要限制因素，高的养分浓度会导致浮游植物生物量增加，河流的透明度降低，使水体呈现富营养化状态。NO$_3^-$ 和 PO$_4^{3-}$ 的最大值（分别为 3.694 mg · L^{-1} 和 0.308 mg · L^{-1}）均出现在春季，与夏季和秋季相比相差不大。NH$_4^+$ 浓度的变化范围为 0.344 ~ 1.227 mg · L^{-1}，在空间上呈现明显的差异，且最高值位于 S6 采样点。NO$_3^-$ 和 NO$_2^-$ 的空间变化范围分别为 0.931 ~ 2.234 mg · L^{-1} 和 0.066 ~ 0.104 mg · L^{-1}。河流上游的 PO$_4^{3-}$ 浓度最低值为 0.066 mg · L^{-1}，下游的 PO$_4^{3-}$ 浓度最高值为 0.129 mg · L^{-1}。

叶绿素 a 含量是表征动态变化的河流水体理化性质的重要指标，可作为水生生态系统的生物标识，并且已经成为非常重要的富营养化监测指标。在实验期间，春季叶绿素 a 含量最低，平均值为 33.050 mg · m^{-3}，夏季与秋季叶绿素 a 含量相差不大，但平均值均大于 40 mg · m^{-3}。单因素方差分析显示，叶绿素 a 在空间分布上具有显著差异（$P<0.01$），且下游叶绿素 a 含量明显高于上游。

3.2.2 浮游植物细胞丰度的变化

浮游植物是水环境中的主要生产者，也是水生食物链的重要组成部分，对维持水生生态系统的平衡至关重要，经常被用作水体健康和化学污染物胁迫效应的生态指标。如图 3.1 所示，在上游区域中，S1 采样点春季蓝藻门占总细胞丰度的 43%（11.9×10^6 cells · L^{-1}），硅藻门占总细胞丰度的 29%（8.0×10^6 cells · L^{-1}），绿藻门占总细胞丰度的 27%（7.5×10^6 cells · L^{-1}），其余门类占 1%（其中金藻门的丰度相较于其他门类稍高）。夏季蓝藻门占总细胞丰度的 63%，其丰度在三

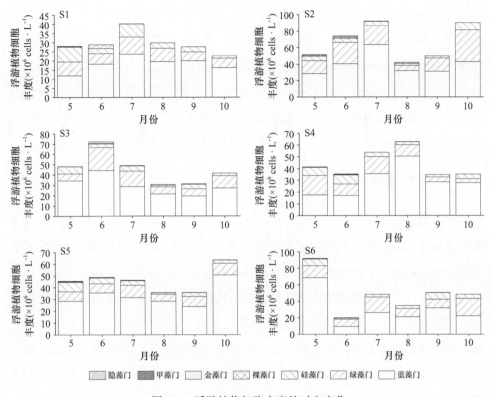

图 3.1　浮游植物细胞丰度的时空变化

个季节中最高（20.5×10⁶ cells·L⁻¹），硅藻门、绿藻门分别占 22%、13%，裸藻门占 2%；秋季蓝藻门、绿藻门、硅藻门分别占总细胞丰度的 72%、20%、8%。在S2 采样点，各季节总细胞丰度均高于 S1 采样点，蓝藻门细胞丰度在夏季最高，达到 45.3×10⁶ cells·L⁻¹，秋季绿藻门细胞丰度（27.3×10⁶ cells·L⁻¹）远大于其他两个季节。在 S3 采样点，春、夏两个季节蓝藻门细胞丰度相差不大（>30×10⁶ cells·L⁻¹），秋季蓝藻门平均细胞丰度为 23.3×10⁶ cells·L⁻¹。在下游区域中，S4 采样点蓝藻门细胞丰度在夏季较高（34.4×10⁶ cells·L⁻¹），而绿藻门与硅藻门的细胞丰度在春季最高。S5 采样点蓝藻门与绿藻门的细胞丰度均在秋季较高，而硅藻门的丰度在春季最高。S6 采样点蓝藻门的细胞丰度在春季达到最大值（68.6×10⁶ cells·L⁻¹），且总细胞丰度全年最高，绿藻门的细胞丰度在整个监测时间段内仅次于 S2 采样点。

除此之外，本研究还对浮游植物优势种进行了统计，主要包括硅藻门的小环藻（*Cyclotella* sp.）、针杆藻（*Synedra* sp.）和直链藻（*Melosira* sp.），蓝藻门的平裂藻（*Merismopedia* sp.）、微囊藻（*Microcystis* sp.）和颤藻（*Oscillatoria* sp.），绿藻门的栅藻（*Scenedesmus* sp.）、小球藻（*Chlorella* sp.）和空星藻（*Coelastrum* sp.），裸藻门以裸藻属（*Euglena* sp.）为主，金藻门以锥囊藻（*Dinobryon* sp.）为主。浮游植物优势种在季节上也表现出了明显的差异，由春季针杆藻向夏季以颤藻、微囊藻为优势种演替，秋季再次以针杆藻为优势藻种。

3.2.3 浮游植物初级生产力的时空变化

浮游植物初级生产力与浮游生物呼吸（即浮游代谢）是碳循环与转化的重要组成成分。浮游植物的净初级生产力是无机碳进入水生生物群落的重要通道，是浮游植物进行光合作用所合成的有机物总量减去呼吸消耗之后剩余的初级生产力。初级生产力与呼吸量的比值被称为群落代谢率，也是水生生态系统的重要指标。当该比值大于 1 时，表明此生态系统主要为自养型水体，进行的是自养过程；当该比值小于 1 时，则表明此生态系统为异养型水体，进行异养过程。除此之外，在湖泊生态系统中，初级生产力与呼吸量的比值大于 1 表明水体为富营养型，小于 1 则水体为贫营养和中营养型[124]。但由于不同生态系统的环境差异，河流生态系统与湖泊生态系统的划分有所不同。在河流生态系统中，初级生产力与呼吸量的比值大于 1 时为自养型河流，小于 0.5 时为异养型河流，0.5~1 时则为介于自养型与异养型之间的河流。

本研究期间，汾河太原段春、夏、秋三个季节各采样点总初级生产力、净初级生产力、呼吸作用变化如图 3.2 所示。春季各采样点的指标变化幅度不大，总初级生产力变化范围为 11.98~22.00 mg · m^{-3} · h^{-1}，群落呼吸量变化范围为 12.03~21.98 mg · m^{-3} · h^{-1}，最大值在 S4 采样点，最小值在 S2 采样点。净初级生产力变化范围以碳计为 1.48~4.77 mg · m^{-3} · h^{-1}，最大值在 S5 采样点，最小值在 S3 采样点。群落代谢率在 S2 与 S3 采样点为 0.5~1，表明其介于自养型与异养型之间，其余采样点群落代谢率大于 1，表明生态系统为自养型。

夏季浮游植物总初级生产力变化范围以碳计为 12.45~17.14 mg · m^{-3} · h^{-1}，其浮游植物光合作用速率略高于春季，但小于秋季光合作用速率。可能是由于夏季温度过高或光照强度过强，光抑制作用会降低初级生产力[125]。净初级生产力

变化范围以碳计为 $-1.04 \sim 5.70$ mg·m⁻³·h⁻¹，且 S1 和 S4 采样点为负值，表明光合作用生产量无法满足呼吸作用消耗量，从而导致净初级生产力为负值。S4 采样点群落代谢率为 $0.5 \sim 1$，表明其介于自养型与异养型之间，其余采样点群落代谢率均大于 1，表明生态系统为自养型。

秋季 S5 采样点总初级生产力以碳计为 88.15 mg·m⁻³·h⁻¹、净初级生产力为 58.27 mg·m⁻³·h⁻¹，均达到了最大值，其次是 S2 采样点总初级生产力为 69.14 mg·m⁻³·h⁻¹，净初级生产力为 33.01 mg·m⁻³·h⁻¹。最小值在 S1 采样点，且净初级生产力为负值，表明呼吸作用大于光合作用。净初级生产力为负值在很多研究区域都有出现，如 Pan 等[126] 测得台湾新虎尾河流由于具有较高的呼吸速率，净初级生产力为 -596.4 mg·m⁻³·h⁻¹。秋季群落代谢率由上游区域 S1 采样点的异养代谢 (<0.5) 转化为中下游区域的自养代谢。

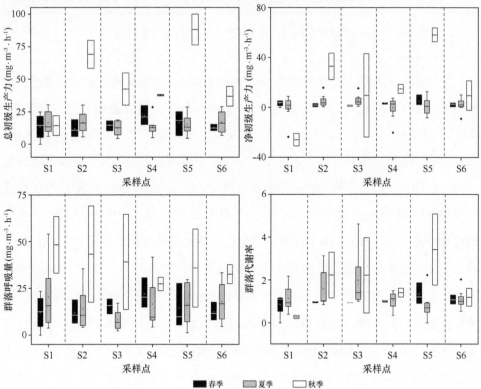

图 3.2　浮游植物群落总初级生产力、净初级生产力、
群落呼吸量（以碳计）及群落代谢率的时空变化

3.2.4　影响浮游植物群落丰度的因素及各参数之间的相关性

表 3.3 为浮游植物群落丰度与环境因子之间的相关性，结果表明，蓝藻门丰度与 COD_{Cr} 呈显著正相关（$R=0.348$，$P<0.05$）；绿藻门丰度受 NO_3^- 的影响（$R=0.419$，$P<0.01$）；硅藻门丰度与 PO_4^{3-}（$R=0.421$，$P<0.01$）和 DO（$R=0.364$，$P<0.05$）均呈显著正相关，而与 COD_{Mn} 呈显著负相关（$R=-0.332$，$P<0.05$）。

表 3.3　浮游植物丰度与环境指标之间的相关性

	COD_{Cr}	NO_3^-	PO_4^{3-}	DO	COD_{Mn}
蓝藻门	0.348 *	-0.214	-0.209	-0.161	0.223
绿藻门	0.020	0.419 **	0.061	0.303	-0.225
硅藻门	-0.115	0.080	0.421 **	0.364 *	-0.332 *

注：* 表示在 0.05 水平上相关性显著；** 表示在 0.01 水平上相关性显著。

采用基于 K 均值聚类的主成分分析法确定了评价水质指标最重要的参数，特征值大于等于 1.0 被认为是显著的[127]。主成分负荷值可以被划分为三个类别：大于 0.75（强）、0.75~0.50（中）、0.50~0.30（弱）[128]。主成分分析显示，前五个主成分可以解释总体方差的 70.2%，并且将所有的生物及水质参数划分为三类。如图 3.3 所示，第一个聚类包括 GPP、NPP、CR 和 NO_2^-，表明 NO_2^- 是浮游植物碳代谢的主要控制因素。第二个聚类包括蓝藻、COD_{Mn}、COD_{Cr}、WT、NH_4^+ 和叶绿素 a，表明蓝藻丰度的增加与城市河流所排放的生活污水和农业活动有关。未经处理的生活污水使得水体有机污染较为严重，并且 NH_4^+ 也是浮游植物生长所需的营养物质[129]。第三个聚类包括绿藻、硅藻、DOC、DO、PO_4^{3-} 和 NO_3^-，藻类丰度与 DOC 之间存在较强的正相关关系，说明藻类在光合作用过程中，大部分被固定的碳是以碳的分泌物形式释放到水体中，并且随着 NO_3^- 和 PO_4^{3-} 的富集，藻类在高营养条件下生长繁殖时会释放大量的 DOC。这一结果与有机碳的释放是一种溢流机制的观点相反，这种溢流机制是指有机碳的释放优先发生在低营养浓度下。

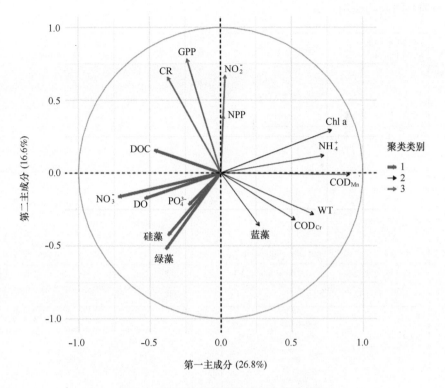

图 3.3　基于 K 均值聚类法的主成分分析

3.2.5　总初级生产力及溶解性有机碳的线性回归分析

线性回归方程用于分析影响 GPP 与 DOC 的环境因素。如图 3.4 所示，DOC 与 NO_3^- 呈显著正相关（$R^2 = 0.161$，$P < 0.01$），与叶绿素 a（$R^2 = 0.108$，$P < 0.05$）和 COD_{Mn}（$R^2 = 0.111$，$P < 0.05$）均呈显著负相关。DOC 与 $NO_3^- + NO_2^-$ 之间的显著关系表明养分动态对有机碳有着较大的影响。快速的营养输入是相当重要的，因为营养盐可以改变藻类群落结构，而藻类也可以对营养盐的变化作出迅速的响应。浮游植物 GPP 与 NO_2^- 呈显著正相关（$R^2 = 0.160$，$P < 0.01$），与 WT 呈显著负相关（$R^2 = 0.150$，$P < 0.05$）。在本研究中，春季与秋季水温相差不大，但秋季的 GPP 却远远超过其他两个季节，说明除水温是总初级生产力的控制因素之外，还有其他的控制变量，如 NO_2^-。其他一些研究也表明，温度与总初级生产力呈负相关[130-131]，并且除受温度的影响外，GPP 还受营养盐及其他环境

因子的共同制约作用。

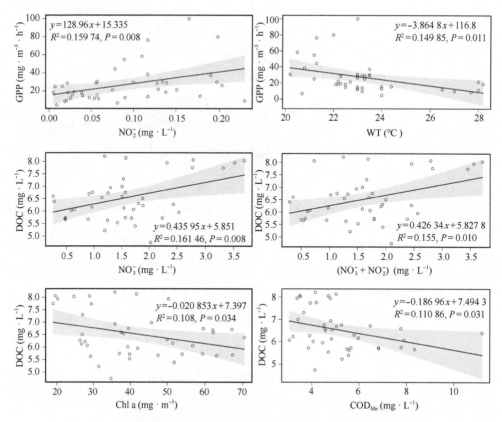

图 3.4　环境变量分别与 DOC 和浮游植物 GPP 的线性回归分析，
得到的线性回归方程在 95% 的置信区间内较为显著

　　温度控制着浮游植物的许多基本功能特性，并且是大多数湖泊和海洋初级生产力的调节因素。接近零的低温会降低浮游植物体内的酶活性、膜流动性和电子链转移，从而限制了藻细胞光合作用、呼吸作用、养分吸收和随后的生长[132]。在最适温度范围内，随着温度的升高，这些约束逐渐消失，并刺激碳固定和生物合成。新陈代谢的增加也会提高浮游植物对营养盐的需求，从而增加了细胞生长过程中营养限制的可能性[133]。碳固定和生物合成在最适温度达到峰值，超过此温度，浮游植物对有机物质的需求大于新生产的，从而导致生长速率下降[134]。如果温度继续升高，由于较高的膜流动性和蛋白质与酶的降解速率增加，所引起的细胞压力变得更加突出，藻细胞的劣势会进一步加剧[132]。尽管对浮游植物的若干研究表明，光合作用、呼吸作用和生长速率在相对较宽的范围内随温度增加而增加，但后来证明浮游植物具有适应水温变化的能力，并且光合作用和呼吸作用的显著变化可以仅仅通过几代的时间发生[135]。除此之外，温度会对呼吸作用、浮游动物放牧过程和下沉引起的浮游植物损失过程产生积极影响。因此，在这个程度上温度会降低净初级生产力[136]，并且在光限制条件下，温度也会对初级生产力产生负效应，因为升高温度极大地增加了群落呼吸和浮游植物消费者的放牧活动，而碳的结合过程受到光照的限制[136]。

3.2.6　光合作用所固定的有机碳的驱动机制

温度、营养盐与太阳辐射通常是控制藻类生长的直接因素，但由表 3.1 中的日照时数与太阳总辐射强度（日照强度）数据可知，两个变量在三个季节之间均无显著差异（此处的显著性分析采用的是月度数据），而本研究所测参数中有多个环境因子在时间和空间上均具有显著差异。因此，本研究对温度、有机物及营养盐等变量作进一步的分析。

在时间上，本研究将月份划分为丰水期和平水期进行了后续的讨论，各随机森林模型的参数均已优化，多次交叉验证曲线重合，表明了结果的可信度。本研究结果表明，平水期的初级生产力远高于丰水期。如图 3.5（a）所示，呼吸作用、NO_3^-、COD_{Mn}、NH_4^+ 和 DOC 五个变量对丰水期光合作用所固定的有机碳有较为重要的作用。对于浮游植物群落丰度来说，绿藻对初级生产力的贡献高于硅藻和蓝藻。由表 3.1 可知，夏季降雨量（99.37 mm）远高于秋季（25.19 mm），因此丰水期由于雨水的作用，其会将河岸两边的沉积物冲刷到河流中，增加了河流的浊度，不仅影响了浮游植物的组成，而且高浓度的悬浮固体也限制了光向水中的渗透，从而造成光合作用和生产力的降低。此外，人类活动的增加以及生活和工业废水的排放也会导致城市河流的污染增加。呼吸作用的温度敏感性高于光合作用。因此，在高温条件下，湖泊的新陈代谢趋于净异养[137]。Staehr 等[132] 的研究表明，营养盐也会对藻类光合作用产生较大的影响。在寒冷条件下细胞过程敏感性的提高支持了 Davison[138] 的发现，即藻类细胞应对低温的重要方法是增加羧化活性，一方面，当温度范围接近最佳温度时，对光合作用、呼吸作用、养分吸收和随后生长的限制逐渐放松；另一方面，温暖时期（夏季）的高度热分层导致营养物质的上升被抑制。因此，浮游植物的营养物质短缺，但是初级生产力和养分吸收等过程的发生率又很高，这种情况可能会导致自养生物量和初级生产力减少。

如图 3.5（b）所示，平水期对光合作用所固定的有机碳的贡献者主要是 NPP、NO_2^-、COD_{Mn} 和 PO_4^{3-}。高浓度的 NO_2^- 通常会抑制光合作用电子链的传递，增加细胞膜的通透性，引起细胞膜两侧的质子梯度下降，造成光合效率降低。本研究区域汾河太原段也属于景观水体，且在该类水体中 NO_2^- 浓度小于 $0.15 \ mg \cdot L^{-1}$，表示达到了 A 类水质标准。在本研究中，平水期的 NO_2^- 浓度（平均值为 $0.097 \ mg \cdot L^{-1}$）显著高于丰水期，表明在适宜的浓度范围内，初级生产力随 NO_2^- 浓度的增加而增加，其与浮游植物光系统 PS Ⅰ 和 PS Ⅱ 所涉及的 ATP、NADPH 密切相关。对于浮游植物群落丰度来说，硅藻对光合作用所固定的有机碳的影响高于绿藻和蓝藻。Glé 等[139] 表明，硅藻生产是阿卡雄湾浮游植物高初级生产力的来源，并且硅藻可以在全球固碳量中占到 20% 左右，是生物碳泵的重要贡献者。本研究中平水期硅藻生物量高于丰水期，因而对碳汇的贡献率较高。研究表明，在饱和辐照度下，固碳速率的主要控制点可由卡尔文循环中

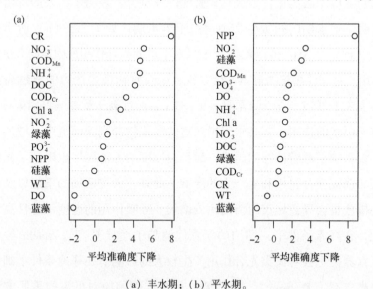

（a）丰水期；（b）平水期。

图 3.5　时间上基于随机森林模型浮游植物群落与环境参数对初级生产力的影响

Rubisco 的羧化作用转变为其他酶，再生成其底物二磷酸核酮糖[140]。这种情况被称为光合作用的反馈限制。对于磷而言，平水期 PO_4^{3-} 浓度（0.113 mg·L^{-1}）高于丰水期，且相关性结果表明，PO_4^{3-} 是硅藻的驱动因子（正相关），其可以充当卡尔文循环和光合反应之间的底物信使[140]。因此，当 PO_4^{3-} 受到限制时，反馈限制的可能性增加。同时，磷也是 Rubisco 的活化剂，低磷水平会降低 ATP/ADP 的比值，进一步下调 Rubisco 活性，从而限制光合碳同化[141]。

　　在空间上，上游的初级生产力高于下游。如图 3.6（a）所示，预测上游光合作用所固定的有机碳最重要的贡献变量是 NPP、NO_2^-、CR 和 COD_{Cr}。对于浮游植物群落来说，硅藻对碳汇的影响程度高于蓝藻和硅藻。在下游区域，重要性排在前四的变量主要是 NPP、WT、DOC 和 COD_{Mn}［图 3.6（b）］。光合作用所涉及的酶促反应与光合效率均会受到温度的影响，但它对碳汇的影响还取决于光照强度[136,142]。近年来，下游河流生态系统受到人类活动的干扰，河流表面接收到的光线较少，导致光合固碳能力降低。环境条件可以通过影响浮游植物群落组成和生长速率来影响初级生产力。在浑浊的河流环境中，一些绿藻往往比其他浮游植物生长得更好，这是因为它们在低光照强度下所维持的呼吸作用较低[143]，导致下游的呼吸量低于上游。

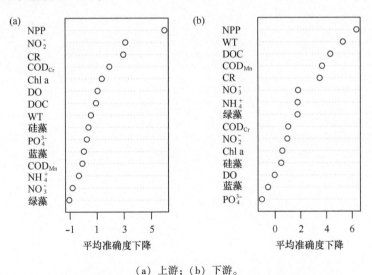

（a）上游；（b）下游。

图 3.6　空间上基于随机森林模型浮游植物群落与环境参数对初级生产力的影响

3.3 小结

（1）本研究结果表明，蓝藻门丰度与 COD_{Cr} 呈显著正相关；绿藻门丰度受 NO_3^- 的影响；硅藻门丰度与 PO_4^{3-} 和 DO 均呈显著正相关，而与 COD_{Mn} 呈显著负相关。

（2）DOC 受 NO_3^-（正相关）、叶绿素 a 和 COD_{Mn}（负相关）的影响。浮游植物总初级生产力与 NO_2^- 呈显著正相关，与 WT 呈显著负相关。

（3）平水期光合作用固定的有机碳浓度（碳汇）高于丰水期，主要贡献变量为 NPP、NO_2^-、COD_{Mn} 和 PO_4^{3-}，硅藻对总初级生产力的影响高于绿藻和蓝藻。预测上游光合作用固定的有机碳最重要的贡献变量是 NPP、NO_2^-、CR 和 COD_{Cr}。

第4章　汾河太原段溶解性有机物的来源、时空分布特征及影响因素

河流中的溶解性有机物（DOM）主要来源于水生生物的排泄和碎屑，以及土壤有机质，其可以在水文流动路径由地下水转向近地表径流或富含 DOM 的河岸源时与河网相连[144]，提供有关水体生态健康及其对人类和气候变化的重要信息。而河流中的 DOM 由于 DOM 源的异质性会随着水文的时空变化而变化，使得河流 DOM 的组成和浓度产生局部和全球尺度的变化。因此，进一步了解水体中 DOM 的时空特征、来源和命运将有助于水资源管理。

有色可溶性有机物（Colored dissolved organic matter，CDOM）是 DOM 中吸收紫外光和可见光的部分，可以通过强烈吸收紫外辐射，以限制具有生物破坏性的 UV-B 辐射进入地表水，引起光化学降解的发生；其在水体中发挥着重要的作用，可以把大分子有机物分解为无机盐和小分子有机物，起到保护浮游植物和其他生物的作用，但同时释放 CO_2 等温室气体，进一步加剧全球变暖[145]。目前，CDOM 的光谱表征是评价 DOM 来源的有效途径，紫外-可见光吸收光谱和荧光光谱的低成本及快速测量技术为研究包括淡水和沿海生态系统在内的多种水生环境中 DOM 的时空分布、来源和动态提供了重要条件。

本研究的主要目的是以汾河太原段为例，采用三维荧光光谱（EEMs）对城市水系统中 DOM 的荧光特征进行鉴定和分析，并通过平行因子（Parallel factor，PARAFAC）分析方法提取有效的荧光光谱特征，以解析汾河太原段水体 DOM 的组成成分、来源分布和生化特征，同时探讨荧光组分和水质指标之间的相关性，以期揭示 CDOM 在汾河流域的环境指示特征，从而为水质污染预警系统提供基础资料。

4.1 材料与方法

4.1.1 采样时间与采样点位置

本章节样品采样时间为 2020 年 9 月和 10 月，2021 年 3 月、5 月、6 月和 7 月，采样频率为半个月一次。采样点位置同第 2.1.1 节。

表 4.1 为 2020 年和 2021 年采样时期的太原市气象指标数据，主要包括气温、降雨量、日照时数、太阳总辐射强度（日照强度）。本研究中的气象数据均来自国家气象科学数据中心。

表 4.1　2020 年和 2021 年研究区气象数据情况

气象指标	单位	2020 年秋季	2021 年春季	2021 年夏季
气温	℃	15.495	12.833 33	24.726 67
降雨量	mm	24.54	23.53	67.123 33
日照时数	h	141.855	181.123 3	192.053 3
太阳总辐射强度	$W \cdot m^{-2}$	194.205	245.936 7	261.083 3

4.1.2 水质参数的测定

本章节中的水质参数及叶绿素 a 含量的测定方法见第 2.1.2 节、第 3.1.3 节以及第 3.1.3 节。总氮（TN）的测定采用碱性过硫酸钾消解分光光度法，总磷（TP）的测定采用钼酸铵分光光度法。

4.1.3 CDOM 吸收光谱分析

将水样通过 0.45 μm 的 Whatman GF/F 滤膜过滤后进行 CDOM 吸收与荧光的分析。其中，CDOM 吸收光谱使用紫外–可见分光光度计（TU–1810，北京普析）

测量，以 Milli-Q 超纯水作空白，以 1 nm 间隔记录 200~800 nm 的吸光度值。由于 CDOM 浓度无法定量测定，只能定性分析，因此常以波长 355 nm 处的吸收系数 a（355）表示 CDOM 的浓度。吸收系数的计算公式如下：

$$a_{CDOM}(\lambda') = [2.303D(\lambda)]/l \tag{4.1}$$

式中，$a_{CDOM}(\lambda')$ 为未校正的吸收系数（m^{-1}）；$D(\lambda)$ 为在波长 λ 处校正后的吸光度；l 为光程路径（m）。

为除去滤液中残留的细小颗粒物的散射，本研究采用 750 nm 处的吸光系数进行基线校正[146]，即得到校正后的吸收系数（m^{-1}），计算公式如下：

$$a_{CDOM}(\lambda) = a_{CDOM}(\lambda') - a_{CDOM}(750)(\lambda/750) \tag{4.2}$$

光谱斜率 S 表示 CDOM 吸收曲线的斜率，能够表征 CDOM 组成分子的大小，从而追踪 CDOM 的来源，计算公式如下：

$$a_{CDOM}(\lambda) = a_{CDOM}(\lambda_0) \exp[S(\lambda_0 - \lambda)] \tag{4.3}$$

式中，λ_0 为参照波长（440 nm）；S 为指数函数曲线光谱斜率（nm^{-1}）。本章利用最小二乘法拟合长波段（350~400 nm）和短波段（275~295 nm），即为光谱斜率 $S_{350\sim400}$ 和 $S_{275\sim295}$，二者的比值为光谱斜率比 S_R。

4.1.4　三维荧光光谱分析

三维荧光光谱（EEMs）测定采用荧光分光光度计（Hitachi F-7100），以 150 W 氙弧灯为激发光源，比色皿光程 10 mm，Milli-Q 水作空白，扫描速度 3 000 nm·min^{-1}。扫描的激发光（Ex）波长为 200~450 nm，间隔为 5 nm；发射光（Em）波长为 230~600 nm，间隔为 2 nm。激发和发射狭缝宽度为 5 nm。经扫描得到的荧光光谱图在未校正之前，还存在两种散射光信号，即瑞利-丁达尔散射和拉曼散射，其会对 EEMs 的解析造成一定程度的干扰，因此，在作进一步分析前需去除两种散射峰的影响[147]。

荧光光谱指数可以为 DOM 的来源特征提供有效的信息。因此，本研究参考的荧光参数包括荧光指数（Fluorescence index，FI）[148]、生物源指数（Biological index，BIX）[149]、腐殖化指数（Humification index，HIX）[150]。

4.1.5　统计分析

采用平行因子（PARAFAC）分析方法对 DOM 荧光组分进行解析，该方法是通过 MATLAB R2021a（美国 Mathworks 公司）中的 DOMFluor 工具箱[68] 实现。在解析 EEM 前，需要先通过空白扣除法和 Delaunay 三角形内插值法，修正被瑞利-丁达尔散射及拉曼散射影响的区域，然后采用折半分析（Split-half analysis）以验证分析结果的可靠性，最后分析每个组分的最大荧光强度 F_{max} 及各组分在水体中所占的百分比。RDA 冗余分析方法见第 2.1.6 节。皮尔逊（Pearson）相关性采用 SPSS 26.0 进行。

4.2　结果与讨论

4.2.1　水质参数及叶绿素 a 的变化

汾河太原段水质参数及叶绿素 a 的变化如表 4.2 所示。夏季水温最高，平均值达到 25.6℃，其次是秋季和春季，平均值分别为 20.6℃ 和 13.6℃。溶解氧（DO）含量变化范围为 $4.93 \sim 9.44$ mg·L^{-1}，平均值为 7.42 mg·L^{-1}，春季和夏季显著高于秋季，随日照时数的增加而增加。这是由于春、夏两季气候逐渐变暖，水温较高，光照强度逐渐增强，日照时间也不断延长，加上冬季积累的无机养分，有利于浮游植物大量繁殖；此外，浮游动物增长与浮游植物相比要相对滞后，造成耗氧量减少，从而引起溶解氧大幅度增加。TN 和 TP 浓度范围分别为 $0.47 \sim 1.89$ mg·L^{-1} 和 $0.02 \sim 1.15$ mg·L^{-1}，平均值分别为 0.97 mg·L^{-1} 和 0.15 mg·L^{-1}，且秋季浓度明显高于其他季节。在空间上，TN 浓度在秋季 S2 采样点达到最大值，TP 浓度在秋季 S5 采样点达到最大值。叶绿素 a 含量变化范围为 $7.46 \sim 33.37$ mg·m^{-3}，平均值为 15.06 mg·m^{-3}，其含量从高到低依次排列为夏季、秋季、春季。河流中 DOM 的浓度可以用溶解性有机碳（DOC）的浓度来表示，本研究中夏季河流中 DOC 平均浓度略高于春季和秋季，变化范围为 $5.46 \sim 7.64$ mg·L^{-1}，最高浓度位于春季 S1 采样点，最低浓度位于秋季 S6 采样点。

表 4.2　汾河太原段水质参数及叶绿素 a 变化

变量	样本量	单位	最小值	最大值	均值	标准偏差
WT	18	℃	12.60	26.35	19.91	5.10
DO	18	$mg \cdot L^{-1}$	4.93	9.44	7.42	1.25
DOC	18	$mg \cdot L^{-1}$	5.46	7.64	6.38	0.51
NO_3^-	18	$mg \cdot L^{-1}$	0.06	0.44	0.17	0.11
NH_4^+	18	$mg \cdot L^{-1}$	0.12	0.44	0.24	0.10
TN	18	$mg \cdot L^{-1}$	0.47	1.89	0.97	0.51
TP	18	$mg \cdot L^{-1}$	0.02	1.15	0.15	0.27
pH 值	18	—	7.90	8.86	8.45	0.30
Chl a	18	$mg \cdot m^{-3}$	7.46	33.37	15.06	7.35

4.2.2　CDOM 吸收光谱特征

汾河太原段 CDOM 浓度及光谱斜率变化如表 4.3 所示，CDOM 的浓度用 a（355）表示。a（355）变化范围为 $1.54 \times 10^2 \sim 6.08 \times 10^2 \ m^{-1}$，春季 CDOM 平均浓度为 $4.09 \times 10^2 \ m^{-1}$，最高值位于 S3 采样点；夏季 CDOM 平均浓度为 $3.83 \times 10^2 \ m^{-1}$，S5 采样点浓度明显高于其他采样点；秋季 CDOM 浓度最低，平均值为 $2.79 \times 10^2 \ m^{-1}$。光谱斜率 S 可以反映 CDOM 的结构特性，对其分子组成有很好的指示效果，二者之间往往成反比[151]。同时，光谱斜率 S 还与选取的拟合波段有关，研究表明，短波长对光谱斜率的拟合较为准确[152]，因此本研究选取 $S_{275 \sim 295}$ 和 $S_{350 \sim 400}$ 的比值 S_R 进行表征。汾河太原段 CDOM 光谱斜率 $S_{275 \sim 295}$ 为 $0.58 \times 10^2 \sim 2.27 \times 10^2 \ m^{-1}$，$S_{350 \sim 400}$ 为 $0.09 \times 10^2 \sim 4.56 \times 10^2 \ m^{-1}$。光谱斜率 S_R 为 $0.50 \sim 8.22$，且最大值出现在夏季 S6 采样点。夏季与秋季 S_R 呈现由上游至下游逐渐增大的趋势，表明 CDOM 的相对分子量也在不断减小，或许是由于监测期间下游区域有大量的水生植物（浮萍），不仅可以吸收氮、磷等营养物质，而且对有机物也有较强的去除和富集作用。从季节上看，光谱斜率 S_R 从大到小依次为夏季、秋季、春季，表明春季具有较高的分子量，究其原因可能是因为自春季开始，水位逐渐上涨，此过程会将岸边冬季固存的有机物溶解在水体中。

表 4.3 汾河太原段 CDOM 浓度及光谱斜率变化

采样点	春季				夏季				秋季			
	$a(355)$	$S_{275\sim295}$	$S_{350\sim400}$	S_R	$a(355)$	$S_{275\sim295}$	$S_{350\sim400}$	S_R	$a(355)$	$S_{275\sim295}$	$S_{350\sim400}$	S_R
S1	2.58	0.67	0.23	2.91	5.43	1.17	0.87	1.34	2.52	1.58	0.77	2.05
S2	5.72	0.90	1.55	0.58	3.81	0.86	0.50	1.72	4.00	1.13	0.42	2.69
S3	5.75	0.91	1.81	0.50	1.54	1.26	0.68	1.85	2.55	1.19	1.09	1.09
S4	3.55	2.27	4.56	0.50	3.59	1.08	0.26	4.15	2.52	0.99	0.20	4.95
S5	4.04	1.29	2.21	0.58	6.08	0.58	0.27	2.15	3.12	1.59	0.75	2.12
S6	2.88	0.96	0.89	1.08	2.50	0.74	0.09	8.22	2.01	1.08	0.29	3.72

注：$a(355)$、$S_{275\sim295}$、$S_{350\sim400}$ 的单位均为 $\times10^2\ \mathrm{m}^{-1}$。

4.2.3 DOM 荧光组分特征分析

汾河太原段水体 CDOM 三维荧光图谱见图 4.1。本研究利用 PARAFAC 方法在汾河太原段水体中共鉴别出四种组分，从荧光特征上可分为紫外光区和可见光区类富里酸（C1）、类酪氨酸腐殖质（C2 与 C4）以及类色氨酸腐殖质（C3），并将其与早期研究结果进行比较（表 4.4）。表 4.5 列出了水体中 DOM 所对应的主要荧光基团及位置。组分 C1（Ex = 265/330 nm，Em = 404 nm）呈现两个激发峰和一个发射峰，对应于紫外光区和可见光区的类富里酸荧光[153]，位于传统的 A 峰和 C 峰区域。A 峰由相对分子质量较大且稳定的有机质形成[154]，主要来源于地表径流、森林地区、湿地和土壤渗滤液[155]，是典型的陆源性有机质。C 峰由荧光效率较高、相对分子质量较小的有机质形成，且容易被氧化降解。两种峰都可能与 DOM 中的羟基和羧基相关，均为外源输入。组分 C2（Ex = 275 nm，Em = 284 nm）包括一个激发峰和一个发射峰，与类酪氨酸腐殖质相似，对应于 B 峰[156]。组分 C3（Ex = 230/300 nm，Em = 340 nm）包括两个激发峰和一个发射峰，与羧基官能团有关，对应荧光 S 峰和 T 峰特征，为蛋白质类色氨酸腐殖质，可结合或游离在蛋白质中，是微生物代谢产物[157]，揭示了完整的蛋白质或者降解较少的缩氨酸，可作为微生物活动强度的间接指标，常见于污水和垃圾渗液。组分 C4（Ex = 220/275 nm，Em = 296 nm）具有两个激发峰和一个发射峰，对应荧光 D 峰和 B 峰特征，被定义为类酪氨酸腐殖质[158]。

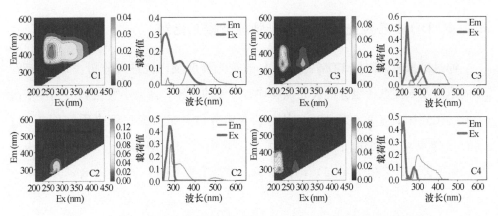

图 4.1　PARAFAC 解析出的四种荧光组分的荧光光谱及其激发和发射波长

表 4.4　PARAFAC 所识别的四种荧光组分光谱特征

组分	类型	本研究		同类研究	
		激发波长（nm）	发射波长（nm）	激发波长（nm）	发射波长（nm）
C1	紫外光区类富里酸	265	404	250~300[158]	380~480[159]
	可见光区类富里酸	330	404	310~360[159]	370~480[160]
C2	类酪氨酸	275	284	270[155]	299[156]
C3	类色氨酸	230/300	340	200~250[160]	330~380[161]
				250~300[158]	330~380[159]
C4	类酪氨酸	220	296	220~240[161]	280~300[162]
		275	296	270[155]	299[156]
				275[162]	300[163]

表 4.5　水体中 DOM 主要的荧光基团及位置

荧光峰	激发波长 Ex（nm）	发射波长 Em（nm）	荧光峰类型
D	220~230	300~310	类酪氨酸
S	220~230	320~350	类色氨酸
B	270~280	300~310	类酪氨酸
T	270~280	320~350	类色氨酸
N	280	370	与浮游生物活动相关
A	250~260	380~480	紫外光区类富里酸
C	330~350	420~480	可见光区类富里酸

4.2.4 DOM 各荧光组分的荧光强度及相对比例

通过对汾河太原段 DOM 中各组分的荧光强度及比例进行分析，结果表明，不同季节及采样点各组分的荧光强度均有一定的差异，其大小变化从大到小依次为 C2、C3、C4、C1（图 4.2）。从各荧光组分占总组分的比例来看（图 4.3），所有采样点均为类蛋白质占绝对优势，其中类酪氨酸物质（C2＋C4）约占 60.2%，类色氨酸物质（C3）约占 25%，类富里酸（C1）约占 14.8%。

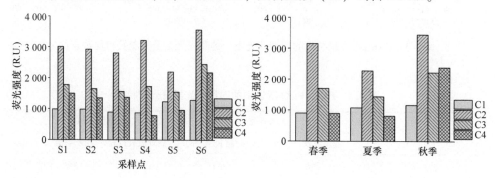

图 4.2 PARAFAC 解析出的四种荧光组分在采样点（左）与不同季节（右）的荧光强度

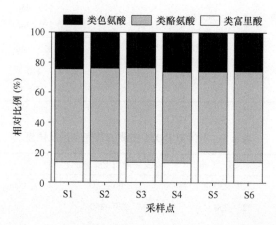

图 4.3 DOM 荧光组分（C3、C2+C4、C1）的相对比例

CDOM 的来源通常按照生物来源和陆源，或者是内源和外源划分。陆源的形成主要通过真菌与细菌降解流域土壤中高等动植物的残体，多为类腐殖质占主导地位；而生物来源则由水体中藻类、细菌及浮游生物等的生产活动所形成，其中

大部分为类蛋白质[148]。虽然在大多数情况下，河流中的类蛋白质荧光强度相对较低，然而，当受到如生活源和农业非点源等人为因素的作用时，类蛋白质荧光强度在河流中所占的比例会较高[148]。因此，本研究区域在受到工农业、生活废水等人为源的大量输入后，引起水体中浮游植物及微生物等的代谢活动，从而释放出许多类蛋白物质，使每个采样点的生物来源作用高于陆源作用。

4.2.5 DOM 光谱指数分析

三种荧光指数（FI、BIX、HIX）的时空变化如表 4.6 所示。研究表明，荧光指数 FI 可分为自生源（FI > 1.9）和陆地与土壤来源（FI<1.4）[164]，且 FI 越高，CDOM 的芳香性越弱，自生源特性越强[165]。由表 4.6 可知，汾河太原段的 FI 值为 2.298 7~2.468 7，春、夏、秋三个季节之间呈现显著差异（$P<0.01$），且从高到低依次为秋季、夏季、春季，表明水体中生物来源为影响 DOM 组分转化的主要因素。从空间上来看，下游区域的 FI 值高于上游区域。

通常，BIX 荧光指数越高，说明 DOM 的降解程度会相应地增加，越容易生成内源碳产物[166]。当 BIX 为 0.6~0.7 时，具有较小自生成分；当 BIX 为 0.7~0.8 时，呈现中度新近自生源特征；当 BIX 为 0.8~1.0 时，呈现较强的自生源特征；当 BIX 大于 1.0 时，具有强烈的自生源特征，主要由水生生物的生产活动所产生[167]。汾河太原段所有采样点的 BIX 值均大于 1.0，且季节之间无显著差异，表明该水体呈现强烈的自生源特征，DOM 的降解程度较高，腐殖化程度相对较低，主要受水生生态系统中浮游植物和水生细菌生产活动的影响，藻类死亡分解后产生的类蛋白物质成为 DOM 的主要内源，这与 FI 表现出一致的表征结果。

当 HIX 小于 1.5 时，DOM 由水生生物或细菌产生；当 HIX 为 1.5~3 时，呈现重要的新近自生源和弱腐殖质特征；当 HIX 为 3~6 时，呈现微弱的新近自生源和强腐殖质特征；当 HIX 大于 6 时，呈现重要的陆源贡献和强腐殖质特征[168]。本研究中 HIX 为 0.512 5~0.707 3，所有采样点的 HIX 均小于 1.5，表明汾河太原段腐殖化程度较低，且 DOM 主要由水生生物或细菌的活动所产生。同时春、夏、秋三个季节呈现明显的差异（$P<0.01$），HIX 荧光指数值从高到低依次排列为夏季、春季、秋季。

表 4.6 汾河太原段各采样点荧光指数的变化

季节	采样点	FI	BIX	HIX
春季	S1	2. 298 8	1. 165 4	0. 574 4
	S2	2. 298 7	1. 168 9	0. 580 5
	S3	2. 336 1	1. 127 3	0. 581 2
	S4	2. 342 2	1. 135 5	0. 589 1
	S5	2. 454 7	1. 130 8	0. 539 7
	S6	2. 381 9	1. 213 4	0. 585 4
	平均值±标准差	2. 352 0±0. 059 1	1. 156 9±0. 032 9	0. 575 1±0. 018 0
夏季	S1	2. 338 5	1. 162 8	0. 652 4
	S2	2. 330 0	1. 147 0	0. 639 4
	S3	2. 387 9	1. 149 7	0. 642 3
	S4	2. 366 5	1. 142 3	0. 648 8
	S5	2. 416 0	1. 143 2	0. 680 3
	S6	2. 372 7	1. 154 3	0. 707 3
	平均值±标准差	2. 368 6±0. 031 8	1. 149 9±0. 007 7	0. 661 7±0. 026 6
秋季	S1	2. 426 0	1. 068 3	0. 557 3
	S2	2. 468 7	1. 083 2	0. 543 2
	S3	2. 410 7	1. 182 7	0. 521 0
	S4	2. 413 4	1. 169 7	0. 512 5
	S5	2. 447 0	1. 078 6	0. 592 0
	S6	2. 397 7	1. 102 0	0. 574 2
	平均值±标准差	2. 427 2±0. 026 4	1. 114 1±0. 049 5	0. 550 0±0. 030 7
单因素方差分析	F	5. 394 0	2. 641	31. 327
	P	0. 004	0. 104	0. 000

综上所述，三种荧光指数对 DOM 的来源均具有较好的指示作用，表明汾河太原段的 DOM 以自生源成分为主，浮游动植物、细菌和微生物等内源物质为

DOM 的主要来源。

4.2.6　光谱指数、荧光组分与水质参数之间的关系

为了进一步确定 DOM 光谱指数、荧光组分与水质参数之间的关系，本研究将紫外吸收光谱参数与荧光参数作为一组数据矩阵，环境指标作为另一组数据矩阵进行 RDA 分析。结果表明，第一轴、第二轴特征分别为 0.731 1 和 0.109 3，TN、WT 和 NO_3^- 对汾河太原段 DOM 光谱特征参数的解释度分别为 63.2%（$P<$ 0.01）、12.2%（$P<0.01$）和 4.6%（$P<0.05$），表明 TN、WT 和 NO_3^- 与本河流 DOM 具有同源性。TN 与类色氨酸、类酪氨酸以及 FI 指数均呈正相关关系，而与 HIX、BIX 指数均呈负相关关系（图 4.4）。如表 4.7 所示，Pearson 相关性分析也表明，TN 与荧光组分及光谱指数之间呈现显著的相关性，表明水体中的 DOM 与氮元素的迁移和转化密切相关。多数研究表明，氮、磷元素作为浮游植物生长繁殖所必需的重要因素，能够促进水生生态系统的初级生产力[169]。由于研究区域经济的快速发展，再加上河流的人为扰动，使陆源污水携带大量的 DOM 排入水体中，而由污水所带来的氮、磷营养盐又能促进浮游植物的生长繁殖，进而影响河流中 DOM 的浓度及组成。

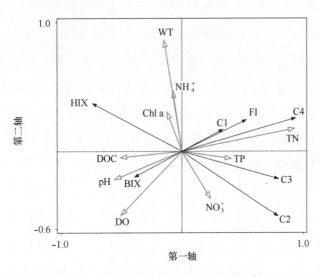

图 4.4　各荧光参数与环境指标的冗余分析

表 4.7　各荧光参数与环境指标之间的相关性

	WT	pH	DO	DOC	Chl a	NO_3^-	NH_4^+	TN	TP
类富里酸	0.333	−0.206	−0.084	−0.253	0.639**	0.056	0.277	0.370	0.350
类酪氨酸	−0.233	−0.518*	−0.474*	−0.480*	−0.220	0.240	−0.145	0.875**	0.359
类色氨酸	−0.163	−0.420	−0.238	−0.422	0.125	0.309	0.007	0.725**	0.469*
FI	0.231	−0.253	−0.467	−0.541*	0.235	0.068	0.198	0.624**	0.393
BIX	−0.124	0.291	0.338	0.456	−0.006	−0.411	0.088	−0.551*	−0.555*
HIX	0.601**	0.349	0.272	0.350	0.579*	−0.208	0.392	−0.576*	−0.097
a (355)	−0.134	0.284	0.217	0.150	−0.130	−0.142	−0.014	−0.433	−0.238

注：* 表示在 0.05 水平上相关性显著；** 表示在 0.01 水平上相关性显著。

　　此外，类酪氨酸组分（C2+C4）与 DOC 之间存在显著的相关性，表明水体中的类蛋白质物质与 DOC 之间存在定量关系。许多研究也对 DOC 浓度与 DOM 荧光组分之间的关系进行了分析，得出二者之间存在很强的相关性，如 Smart 等[170] 指出 DOC 与 DOM 的荧光强度之间呈线性关系。但也有一些研究表明二者之间无显著关系[171]，即荧光强度并不能直接用来预测 DOC 浓度。此外，季节之间的其他环境因子的差异，也会综合导致各组分荧光强度与 DOC 之间的关系。例如，在本研究中，DO 的含量与四种组分呈负相关关系，其中与类酪氨酸呈显著负相关。一般而言，水体中的类蛋白物质主要由微生物和浮游植物对污染物的降解产生，此过程会引起 DO 的大量消耗，从而导致河流中 DO 含量的减少。因此，可以推断出 DO 含量下降的其中一个原因就是 DOM 浓度的增加。除此之外，观察到类富里酸与叶绿素 a 呈显著正相关，表明其与浮游植物的活动密切相关。

　　RDA 和 Pearson 相关性分析表明，WT 与腐殖化指数 HIX 呈显著正相关，DOC 与 FI 指数，TN、TP 与 BIX 指数均呈显著负相关。本研究中 CDOM 相对浓度 a (355) 与 DOC 之间的相关性未达到显著性水平，说明水体中还存在大量的具有非生色团的溶解性有机物。因此，仅依靠 CDOM 无法全面分析 DOM 的特征，在未来的研究中需要将二者结合起来。

4.3　小结

（1）利用 PARAFAC 方法识别出汾河太原段水体中 CDOM 有四种组分，分别对应类酪氨酸物质（C2、C4）、类色氨酸物质（C3）、类富里酸（C1），其中类酪氨酸物质所占比重最大，其次为类色氨酸物质，类富里酸所占比重最小。

（2）BIX、FI、HIX 三种荧光指数均表明微生物以及藻类等内源物质是汾河太原段水体 DOM 的主要来源。

（3）TN、WT 和 NO_3^- 对汾河太原段 DOM 光谱特征参数的解释度分别为 63.2%（$P<0.01$）、12.2%（$P<0.01$）和 4.6%（$P<0.05$），表明水体中的 DOM 与氮元素的迁移和转化密切相关。

第5章 汾河太原段溶解性无机碳来源、时空分布特征及与浮游植物之间的关系

大气 CO_2 的变化速率不仅取决于人类活动和海洋储存，还取决于生物地球化学和气候过程及其与碳循环的相互作用[172]。全球气候变暖会增强岩石的化学风化过程，以增加从大气中吸收 CO_2 的量，抑制 CO_2 过快增长，从而导致全球温度下降，形成一个负反馈机制。但当地表温度较低时，岩石的风化作用强度也较低，从大气中吸收 CO_2 的过程会变得十分有限，因而岩石变质和火山活动作用排放的 CO_2 得以累积，又会促使地球温度上升。河流中的水化学研究不仅有助于确定区域化学风化与水文地球化学反应之间的关系及其控制因素，还可以用来确定溶解性无机碳的来源及时空分布特征[173]。因此，迫切需要对地表水的水化学状况进行评价。

碳酸酐酶（CA）被报道在藻类的无机碳浓缩过程中发挥着重要的作用[174]，其能够有效催化 CO_2 的水合作用（$CO_2+H_2O \rightleftharpoons HCO_3^-+H^+$），产生的 H^+ 可以促进硅酸盐或碳酸盐矿物的溶解，而矿物的溶解又反过来影响碳循环过程。无论是碳酸盐还是硅酸盐，经岩石风化游离出的金属离子的一个重要去向，即形成碳酸盐沉淀，此过程同时涉及 CO_2 的固定，是地表矿物演化过程中的一个重要环节，在碳酸盐的沉积过程中起到一定的推动作用[175]。但对于硅酸盐岩和碳酸盐岩来说，还有一个非常重要的区别，即前者以 $CaCO_3$ 的形式封存 CO_2，形成较长时间（>100 万年）尺度的碳汇效应，而后者则以 HCO_3^- 的形式形成较短时间（<10 万年）尺度的碳汇效应。由此可见，地表岩石的化学风化（特别是硅酸盐岩风化）是调节大气 CO_2 浓度、促进全球气候变化的重要因素，也是地球系统演化的"稳定器"，被称为"地质空调"。然而，研究表明，CA 参与的硅酸盐风化伴随

着碳酸盐的形成过程是一个长期被忽视的地表碳增汇过程，对该问题的探索有助于进一步理解地质演化过程中微生物对碳素转化的驱动机制[176]。因此，CA 在碳酸盐的形成甚至整个碳循环过程中的影响不容忽视。

基于此，本研究对汾河太原段水体中胞外 CA 活性的时空变化及其与溶解性无机碳、浮游植物之间的关系进行了研究，以更好地确定浮游植物与 CA 在不断变化的碳循环中的潜在反馈。

5.1 材料与方法

5.1.1 采样时间与采样点位置

本章节样品采样时间为 2020 年 9 月和 10 月，2021 年 3 月、5 月、6 月和 7 月，采样频率为半个月一次。采样点位置同第 2.1.1 节。该采样时期的太原市气象数据同第 4.1.1 节。

5.1.2 水质参数及浮游植物丰度测定

采用离子色谱仪（CIC-D120，盛瀚）分析阳离子（Na^+、K^+、Mg^{2+}、Ca^{2+}）和阴离子（Cl^-、SO_4^{2-}），检出限为 0.01 mg·L^{-1}。采用便携式水质分析仪（DZB-712F，雷磁）测定总溶解性固体（TDS）。使用默克碱度试剂盒（1.11109.0001，默克）测定 HCO_3^- 的浓度，估计准确度为 0.05 mmol·L^{-1}（由 mg·L^{-1} 换算为 mmol·L^{-1}，全书同）。溶解性无机碳（DIC）被定义为各指标（$[CO_2]$ + $[HCO_3^-]$ + $[CO_3^{2-}]$）浓度之和。

水质参数的测定方法同第 4.1.2 节。浮游植物丰度的测定方法同第 3.1.2 节。

5.1.3 CO₂ 分压（pCO_2）

河流的 DIC 主要包括 HCO_3^-、碳酸、CO_3^{2-} 以及 CO_{2aq}，且几种组分之间存在

一系列的平衡关系。当 pH 值大于 7.6 时，HCO_3^- 被视为与碱度相当。pCO_2 可根据水体中的碳酸盐平衡理论及亨利常数 K_{CO_2} 进行换算[177]，公式如下：

$$CO_2 + H_2O \leftrightarrow H_2CO_3^* \leftrightarrow H^+ + HCO_3^- \leftrightarrow 2H^+ + CO_3^{2-} \tag{5.1}$$

$$K_0 = [H_2CO_3^*]/[pCO_2] \tag{5.2}$$

$$K_1 = [H^+][HCO_3^-]/[H_2CO_3^*] \tag{5.3}$$

$$K_2 = [H^+][CO_3^{2-}]/[HCO_3^-] \tag{5.4}$$

式中，$H_2CO_3^*$ 为 H_2CO_3 与 CO_{2aq} 的总和；K 为给定温度的亨利常数。通过下式进行计算

$$pK_0 = -7 \times 10^{-5}T^2 + 0.016T + 1.11 \tag{5.5}$$

$$pK_1 = 1.1 \times 10^{-4}T^2 - 0.012T + 6.58 \tag{5.6}$$

$$pK_2 = 9 \times 10^{-5}T^2 - 0.013\,7T + 10.62 \tag{5.7}$$

$$pK = -\lg K \tag{5.8}$$

式中，T 为温度。

根据亨利定律，可采用下式计算 pCO_2

$$pCO_2 = [H_2CO_3^*]/K_0 = [a(H^+)a(HCO_3^-)]/K_0K_1 \tag{5.9}$$

$$a(H^+) = 10^{-[pH]} \tag{5.10}$$

$$a(HCO_3^-) = [HCO_3^-] \times 10^{-0.5 \times \sqrt{I}} \tag{5.11}$$

$$I = 0.5 \times (4[Ca^{2+}] + 4[Mg^{2+}] + [K^+] + [Na^+] +$$
$$4[SO_4^{2-}] + [Cl^-] + [NO_3^-] + [HCO_3^-])/10^6 \tag{5.12}$$

5.1.4　胞外碳酸酐酶活性测定

采用基于 Wilbur 等[178] 改进的电位差法测定胞外 CA 活性，即记录 CO_2 转化为 HCO_3^- 和 H^+ 的反应中 pH 下降所用的时间。具体步骤：取 100 mL 原水，以 6 000 r/min 的速度离心 10 min 收集藻细胞，进行空白测定和酶测定。空白测定：往烧杯中加入 6 mL 预冷的 20 mmol·L^{-1} pH 值为 8.0 的 Tris-HCl 缓冲液，过程中始终将介质的温度保持在 0~4℃，记录初始 pH 值，然后往介质中加入 4 mL 饱和 CO_2 水溶液，同时迅速按动秒表，记录 pH 值由 8.0 下降至 7.3 所用的时间 T_0。酶测定：烧杯中加入 6 mL 预冷的 20 mmol·L^{-1} pH 值为 8.0 的 Tris-HCl 缓冲

液，过程中始终将介质的温度保持在 0~4℃，记录初始 pH 值，加入 1 mL 新鲜的藻液，然后往介质中快速加入 4 mL 饱和 CO_2 水溶液，同时迅速按动秒表，记录 pH 值由 8.0 下降至 7.3 所用的时间 T。酶单位的计算公式为：EU（U·mL^{-1}）= $T_0/T-1$，其中，T 为待测样品反应所需时间，T_0 为空白样品反应所需时间。最后的值取三次重复测量的平均值。

5.1.5　数据分析

使用 SPSS 26.0 软件检验数据是否具有显著差异（$P<0.05$）。Piper 三线图、Gibbs 半对数坐标图由 Origin 2018 完成。使用 R 4.0.3 软件的"lm"函数对各参数之间进行线性回归拟合。

5.2　结果与讨论

5.2.1　汾河太原段水化学特征

汾河太原段水化学特征如表 5.1 所示，阳离子质量浓度由高到低依次为：Na^+、Ca^{2+}、Mg^{2+}、K^+，平均质量浓度分别为 71.48 mg·L^{-1}、35.26 mg·L^{-1}、22.08 mg·L^{-1}、3.33 mg·L^{-1}，其中，K^+ 的变异系数为 0.70，高于其他阳离子，表明其具有明显的时空异质性。主要阴离子质量浓度由高到低依次为：HCO_3^-、SO_4^{2-}、Cl^-，平均质量浓度分别为 191.06 mg·L^{-1}、171.48 mg·L^{-1}、88.57 mg·L^{-1}，变异系数分别为 0.21、0.08、0.08。

Piper 三线图包含了水体中的主要组分，是解析水生生态系统中水化学演化过程的重要手段之一。图 5.1 为绘制的 Piper 三线图，结果表明，汾河太原段水体中的阳离子主要分布在右下角，即阳离子类型主要为 Na^+ 和 K^+，所有样本的 Na^+ 和 K^+ 毫克当量百分数占 57% 以上。而阴离子主要集中在中间的 B 区域，每种阴离子均占一定的比例。此外，根据 Piper 三线图可以将水化学类型划分为四种：第一种类型为 SO_4^{2-}·Cl^--Ca^{2+}·Mg^{2+}，第二种类型为 HCO_3^--Na^+，第三种类型为

$HCO_3^- - Ca^{2+} \cdot Mg^{2+}$，第四种类型为 $SO_4^{2-} \cdot Cl^- - Na^+$。由图 5.1 可知，阴离子与阳离子主要分布在 B、D 两个区域，投影到 Piper 三线图的菱形区域后，大部分样本均分布在第四区域，表明汾河太原段水化学类型主要为 $SO_4^{2-} \cdot Cl^- - Na^+$ 类型，有一小部分样本分布在第一区域（$SO_4^{2-} \cdot Cl^- - Ca^{2+} \cdot Mg^{2+}$）。

表 5.1　汾河太原段主要离子浓度统计分析

参数	样本量	单位	最小值	最大值	均值	标准偏差	变异系数
Na^+	72	$mg \cdot L^{-1}$	65.77	79.68	71.48	4.03	0.06
K^+	72	$mg \cdot L^{-1}$	1.31	7.96	3.33	2.32	0.70
Mg^{2+}	72	$mg \cdot L^{-1}$	18.49	28.65	22.08	3.92	0.18
Ca^{2+}	72	$mg \cdot L^{-1}$	24.52	55.37	35.26	9.72	0.28
Cl^-	72	$mg \cdot L^{-1}$	78.09	101.82	88.57	6.98	0.08
SO_4^{2-}	72	$mg \cdot L^{-1}$	153.60	204.38	171.48	14.31	0.08
HCO_3^-	72	$mg \cdot L^{-1}$	98.07	232.68	191.06	39.17	0.21
TDS	72	$mg \cdot L^{-1}$	548.75	618.00	572.67	16.55	0.03

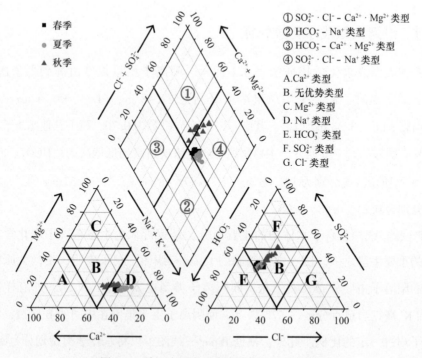

图 5.1　汾河太原段地表水化学 Piper 三线图

5.2.2　地表水化学物质来源与形成过程

天然水体中的可溶性离子主要来源于岩石风化（包括硅酸盐、碳酸盐和蒸发盐）、大气沉降和人为输入[179]。而 Gibbs 模型是一种可以估算水体中离子的来源及其形成过程的重要手段。在 Gibbs 图中，中部水化学特征主要受水–岩相互作用控制，右上角主要受结晶–蒸发控制，而右下角主要受降雨控制。因此，为了探索研究区域地表水化学的控制因素，将水化学绘制于 Gibbs 图中。如图 5.2（a）和图 5.2（b）所示，研究区域总溶解性固体（TDS）浓度无显著差异，$Na^+/（Na^++Ca^{2+}）$ 为 0.53~0.81，由 2020 年秋季至 2021 年春季和夏季呈现逐渐升高的趋势，且秋季水样全部处于岩石风化带。$Cl^-/（Cl^-+HCO_3^-）$ 为 0.25~0.52，同样表明水–岩作用是该研究区域水化学离子组分的主要控制因素。因此，汾河太原段的化学离子组成主要受岩石风化作用的控制。

化学风化作用（方解石、白云石、钙长石、钠长石、钾长石）和蒸发溶蚀作用（盐岩、硬石膏和石膏）产生的不同溶解离子组合，对河流的水文地球化学具有重要的控制作用。据统计，全球共有 11.6% 的河流溶质来自硅酸盐，17.2% 来自蒸发岩，大约 50% 来自碳酸盐[180]。由于碳酸盐岩风化生成 Ca^{2+}、Mg^{2+}、HCO_3^-，硅酸盐岩风化生成 Ca^{2+}、Mg^{2+}、Na^+、K^+、Si^{2+} 和 HCO_3^-，蒸发岩溶解生成 Ca^{2+}、Mg^{2+}、Na^+、K^+、SO_4^{2-}、Cl^-，可以通过各阴阳离子的比值进一步确定化学风化产生的主要离子的来源［图 5.2（c）至图 5.2（i）］，均为离子当量之比。

端元图包括 Mg^{2+}/Na^+ 与 Ca^{2+}/Na^+、HCO_3^-/Na^+ 与 Ca^{2+}/Na^+，可用于进一步确定岩石风化的来源类型。如图 5.2（c）和图 5.2（d）所示，水样主要集中在硅酸盐岩的端部，说明硅酸盐岩风化是影响汾河太原段水化学特征的重要因素。

Na^+/Cl^- 是确定 Na^+ 和 Cl^- 来源的重要因素。如果 Na^+/Cl^- 的比例接近 1∶1，那么水体中的 Na^+ 主要是由盐岩溶解产生[181]。从图 5.2（e）中可以看出，秋季样本靠近 1∶1 线，则水体中的 Na^+ 主要来源于蒸发盐岩溶解。春季和夏季数据点均分布在 1∶1 线的右侧，Na^+/Cl^- 的比值高于 1，说明研究区域的 Na^+ 并非单一来源，Na^+ 除来源于盐岩的溶解，也来自其他的一些过程（如铝硅酸盐岩的溶解、阳离子交换和人为输入）[182]。

水中的 Ca^{2+}、Mg^{2+}、SO_4^{2-} 和 HCO_3^- 主要来源于碳酸盐和石膏的溶解。如果所有的 Ca^{2+} 和 Mg^{2+} 都来自碳酸盐的溶解，那么（$Ca^{2+} + Mg^{2+}$）/ HCO_3^- 应该是 1.0 左右。控制风化过程如式（5.13）至式（5.15）所示。

全等方解石溶解：

$$CaCO_3 + H_2CO_3 \rightarrow Ca^{2+} + 2HCO_3^- \tag{5.13}$$

全等白云石溶解：

$$CaMg(CO_3)_2 + 2H_2CO_3 \rightarrow Ca^{2+} + Mg^{2+} + 4HCO_3^- \tag{5.14}$$

非全等白云石溶解：

$$CaMg(CO_3)_2 + H_2CO_3 \rightarrow CaCO_3 + Mg^{2+} + 2HCO_3^- \tag{5.15}$$

（$Ca^{2+} + Mg^{2+}$）/ HCO_3^- 高比率表明 Ca^{2+} 和 Mg^{2+} 来自反向阳离子交换和石膏等其他来源[183]。由图 5.2（f）可以看出，汾河太原段（$Ca^{2+} + Mg^{2+}$）/HCO_3^- 为 0.78~2.52，平均值为 1.25。秋季水样品分布在 1:1 线的右侧（>1），具有较高的 Ca^{2+} 和 Mg^{2+}，这可能表明石膏溶解输入对 Ca^{2+} 有贡献。春季和夏季水样紧挨 1:1 线，且比值在 1.0 左右，表明 Ca^{2+} 和 Mg^{2+} 主要来自碳酸盐的溶解。

石膏溶解通常会产生等量的 Ca^{2+} 和 SO_4^{2-}。在整个研究区域，Ca^{2+}/SO_4^{2-} 为 0.29~0.92，平均值为 0.49。由图 5.2（g）可以看出，所有的水样主要位于 1:1 线的上方，说明 SO_4^{2-} 除来源于石膏的溶解外，还可以取代 H_2CO_3 作为岩石风化的主要质子源[184]。

由图 5.2（h）可知，[（$Mg^{2+} + Ca^{2+}$）-（$HCO_3^- + SO_4^{2-}$）] 与 [$Na^+ + K^+ - Cl^-$] 之间的关系可表示为 $y = -2.598\,8x - 1.319\,5$（$R = -0.552\,7$），且 [（$Mg^{2+} + Ca^{2+}$）-（$HCO_3^- + SO_4^{2-}$）] 小于 0，表明水体之间发生了反向阳离子交换。此外，水体中的（$Ca^{2+} + Mg^{2+}$）/（$Na^+ + K^+$）也可作为区分不同岩石风化作用相对强度的指标。研究表明，世界河流（$Ca^{2+} + Mg^{2+}$）/（$Na^+ + K^+$）的平均比值为 2.2[180]。在一些湖泊水体中，（$Ca^{2+} + Mg^{2+}$）/（$Na^+ + K^+$）呈现高比率的原因可能是由于受碳酸盐岩的风化作用控制，如中国青海湖的比值范围为 5.5~20.3[185]。相反，河流/溪流（$Ca^{2+} + Mg^{2+}$）/（$Na^+ + K^+$）的低比值意味着它可能受硅酸盐或蒸发

岩溶解的控制，如塔克拉玛干沙漠周围的河流约为 0.9[186]。本研究中，（Ca^{2+} + Mg^{2+}）／（Na$^+$ + K$^+$）平均比值为 0.77，说明由铝硅酸盐产生的 Na$^+$ 和 K$^+$ 的浓度高于 Ca^{2+} 和 Mg^{2+}，因为在岩石类型中，硅酸盐风化主要从铝硅酸盐（钠长石和钾长石）中释放 Na$^+$ 和 K$^+$，从钙硅酸盐中释放 Ca^{2+} 和 Mg^{2+}[187]。

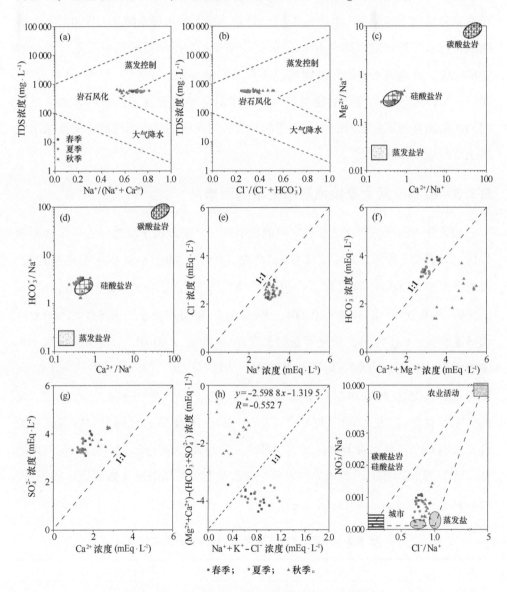

图 5.2　汾河太原段地表水化学 Gibbs 分布模式

在考虑流域内不同类型岩石的风化作用时，区分人为输入和自然输入是极为重要的。随着人类社会的不断发展和城市化进程的加快，人类活动如农业肥料的径流、工业和居民废水等大量排入河流中，这些产物中所包含的 Na^+、K^+、NO_3^-、SO_4^{2-} 和 Cl^- 对地表水环境的影响日益明显。其中，NO_3^- 在一定程度上能够反映人类活动对水化学的影响。由图 5.2 （i）可知，研究区水样全部靠近城市端元，表明城市污水的排放是水体中 NO_3^- 最重要的来源。但汾河流域横跨工业、农业和城市地区，其地表水中的污染物可能来自不同的来源。Hua 等[188] 的研究表明，2015—2017 年肥料与粪肥对汾河流域水化学的影响明显高于污水的输入，且汾河的污染源有从工业源向农业源转变的趋势，而在这之前观测到的汾河流域水化学主要归因于工业源[189]。

5.2.3　控制汾河太原段地表水化学的因素

相关分析用于识别化学参数之间的相似性，并揭示离子源之间的一致性和差异性。如表 5.2 所示，NO_3^- 浓度与 Na^+ 浓度（$R=-0.486$，$P<0.01$）呈中等相关，表明大气中的 HNO_3 与含有 Na^+ 的地壳物质发生了反应。HCO_3^- 与 Na^+（$R=0.369$，$P<0.05$）、K^+（$R=-0.601$，$P<0.01$）和 Mg^{2+}（$R=-0.571$，$P<0.01$）均显著相关。Ca^{2+} 与 Mg^{2+} 呈显著正相关（$R=0.808$，$P<0.01$），表明这些离子可能来源于白云石、方解石等碳酸盐矿物。SO_4^{2-} 与 Ca^{2+}（$R=0.603$，$P<0.01$）、Mg^{2+}（$R=0.551$，$P<0.01$）均显著相关，而 Cl^- 与 K^+（$R=0.634$，$P<0.01$）、与 Mg^{2+}（$R=0.561$，$P<0.01$）、与 Ca^{2+}（$R=0.517$，$P<0.01$）之间呈现较高的相关性，表明 Ca^{2+} 与 Mg^{2+} 可能有良好的同源性，在起源和存在模式上具有一定的相似性。SO_4^{2-} 与 Mg^{2+} 和 Ca^{2+} 的相关性表明，硫酸盐主要与硫酸镁（如泻盐）或石膏/硬石膏有关[190]。

表 5.2　汾河太原段主要离子 Pearson 相关性分析

离子	Na^+	K^+	Mg^{2+}	Ca^{2+}	SO_4^{2-}	HCO_3^-	Cl^-	NO_3^-
Na^+	1							
K^+	−0.205	1						
Mg^{2+}	−0.051	0.950**	1					

续表

离子	Na^+	K^+	Mg^{2+}	Ca^{2+}	SO_4^{2-}	HCO_3^-	Cl^-	NO_3^-
Ca^{2+}	-0.246	0.810 [**]	0.808 [**]	1				
SO_4^{2-}	0.084	0.467 [**]	0.551 [**]	0.603 [**]	1			
HCO_3^-	0.369 [*]	-0.601 [**]	-0.571 [**]	-0.208	-0.211	1		
Cl^-	0.126	0.634 [**]	0.561 [**]	0.517 [**]	0.474 [**]	-0.398 [*]	1	
NO_3^-	-0.486 [**]	-0.142	-0.203	0.211	0.185	0.257	-0.122	1

注：[*] 表示在 0.05 水平上相关性显著；[**] 表示在 0.01 水平上相关性显著。

5.2.3.1　阳离子吸附交替作用

一般来说，如果岩石和土壤表面带负电荷，就会发生阳离子交替吸附作用，并导致整体水化学的变化[191]。Ca^{2+}、Na^+、Mg^{2+} 和 K^+ 之间的强相关性表明，阳离子交换可能是汾河的一个重要现象。因此，可以采用氯碱指数（CAI-Ⅰ 和 CAI-Ⅱ）来表征水化学演化过程中离子交换的强度[188]。指标计算公式如下：

$$CAI - Ⅰ = [Cl^- - Na^+ + K^+]/Cl^- \qquad (5.16)$$

$$CAI - Ⅱ = [Cl^- - Na^+ + K^+]/(HCO_3^- + SO_4^{2-} + NO_3^- + CO_3^{2-}) \qquad (5.17)$$

一般情况下，如果 Ca^{2+}、Mg^{2+} 吸附在含水层颗粒表面，并与水体中的 Na^+、K^+ 交换时，CAI-Ⅰ 和 CAI-Ⅱ 值均为正。如果与带相反电荷的离子发生交换，CAI-Ⅰ 和 CAI-Ⅱ 值均为负[188]。与此同时，氯碱指数绝对值的大小也可以用来表征其离子交换强度的高低。如图 5.3 所示，本研究中所有样品的氯碱指数 CAI-Ⅰ 和 CAI-Ⅱ 值均大于 0。CAI-Ⅰ 值为 0.019～0.274，CAI-Ⅱ 值为 0.004～0.084，说明含水层颗粒表面的 Ca^{2+}、Mg^{2+} 与 Na^+、K^+ 之间发生了阳离子交换，是影响地表水化学组分的主要机制。

5.2.3.2　溶解沉淀平衡

通过对水–岩间产生的各种化学反应进行研究，可以阐明地表水与围岩的相互作用特征，并揭示地表水化学演化规律，从而为解决补给源等水资源问题提供理论依据。由于地表水演化过程中水–岩相互作用的复杂性，研究水化学的传统

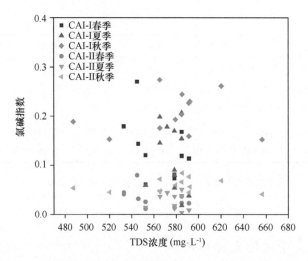

图 5.3　汾河太原段地表水氯碱指数 CAI-Ⅰ和 CAI-Ⅱ变化图

方法仍然有许多缺陷。本研究采用目前广泛使用的水文地球化学程序 PHREEQC 对地表水系统中的地球化学过程进行模拟，以计算出不同控制条件下地表水的饱和指数（Saturation index，SI）。通过计算 SI，可以在不采集矿物样品的情况下，通过地表水数据研究地表水中给定矿物的平衡状态，从而确定控制地表水系统中水化学成分的反应性矿物[192]。饱和指数表示为

$$SI = \lg(IAP/K) \tag{5.18}$$

式中，IAP 为离子活度积；K 为平衡常数。

　　如果 SI 小于 0，矿物在地表水中未达到饱和状态，说明该矿物不会从水溶液中沉淀出来，当含水层含有该矿物时，会继续溶解；如果 SI 等于 0，矿物处于溶解平衡状态；如果 SI 大于 0，则该矿物处于过饱和状态，可能是非反应性矿物[193]。通过计算矿物的饱和指数，可以确定这些矿物在水体中处于何种状态，如溶解、沉淀或达到平衡状态。

　　由第 5.2.2 节可知，地表水中常见的矿物有方解石与白云石等碳酸盐矿物，盐岩、石膏与硬石膏等硫酸盐矿物及长石类硅酸盐矿物。通过计算它们的饱和指数，结果如图 5.4 所示，硬石膏、石膏、盐岩和钾盐的饱和指数变化范围分别为 −2.35~−1.78、−2.04~−1.47、−6.85~−6.68 和−8.11~−7.19，平均值分别为 −2.05、−1.75、−6.78 和−7.76。这几种矿物的饱和指数均小于 0，未达到饱和

状态，表明这些矿物在地表水中主要发生溶解作用，对地表水化学离子的贡献占绝对优势。方解石、白云石和文石的饱和指数变化范围分别为−0.52~1.29、−0.85~2.69 和−0.67~1.15，平均值分别为 0.73、1.62 和 0.59。这三种矿物的饱和指数在绝大多数采样点均大于 0，表明这些矿物处于过饱和状态，并因此可能导致碳酸盐岩沉淀。

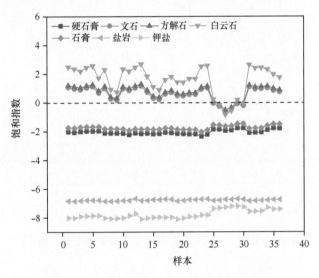

图 5.4　汾河太原段地表水主要矿物饱和指数

5.2.4　浮游植物群落组成

　　由图 5.5 可知，汾河太原段浮游植物组成主要包括蓝藻门（Cyanophyta）、绿藻门（Chlorophyta）、硅藻门（Bacillariophyta）和裸藻门（Euglenophyta）。其中，春季以硅藻门为主，各采样点硅藻占总丰度的 34.13%~57.89%。夏季蓝藻门所占比例最高，占总丰度的 35.76%~43.04%。秋季主要以绿藻门为优势类群，占总丰度的 27.93%~42.27%，但裸藻门的数量较其他季节也有所升高。浮游植物总细胞丰度在夏季最高，变化范围为 $16.03×10^6 ~ 26.94×10^6$ cells·L^{-1}，最高值出现在下游 S6 采样点；秋季变化范围为 $13.27×10^6 ~ 18.65×10^6$ cells·L^{-1}；春季变化范围为 $6.56×10^6 ~ 16.80×10^6$ cells·L^{-1}。主要优势种包括蓝藻门的浮丝藻（*Planktothrix* sp.）、伪鱼腥藻属（*Pseudanabaena* sp.）及微囊藻（*Microcystis*），绿藻门的小球藻（*Chlorella* sp.）、衣藻（*Chlamydononas* sp.）、栅藻（*Scenedesmus* sp.），以及硅藻门的针杆藻（*Synedra* sp.）、小环藻（*Cyclotella* sp.）、直链藻（*Melosira* sp.）。

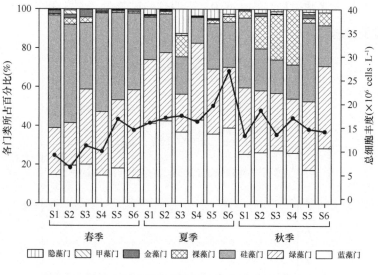

图 5.5　汾河太原段浮游植物细胞丰度的季节和空间变化

5.2.5　不同季节、不同采样点 HCO_3^- 浓度的分布特征及影响因素

单因素方差分析事后检验（Tukey HSD）表明，HCO_3^- 浓度（碱度）在春季与秋季之间、夏季与秋季之间存在显著差异（$P<0.001$），并且 HCO_3^- 浓度在秋季下降，在春季增加，与浮游植物的生长表现出相反的趋势。如图 5.6 和图 5.7 所示，水体的碱度随浮游植物的生长而下降。研究表明，浮游植物对养分的吸收会影响水体的碱度。例如，浮游植物对 NH_4^+ 的吸收同化可能会导致碱度降低，但当发生 NO_3^- 同化时，碱度又会增加[194]。在本研究中，NH_4^+ 浓度秋季较高，春季较低；NO_3^- 浓度春季较高，夏季较低。因此，由于 NH_4^+ 是浮游植物最有利的氮源，浮游植物可能在秋季利用 NH_4^+，导致碱度的季节性下降。而浮游植物在春季由于 NH_4^+ 的限制，不得不利用 NO_3^-，从而增加了其碱度。事实上，虽然浮游植物的生长和养分吸收会影响碱度，但碱度反过来也会影响 pH 和 DIC 的形成。

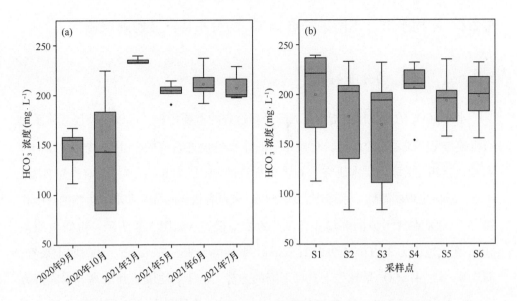

图 5.6　汾河太原段各季节（a）及采样点（b）HCO$_3^-$ 浓度变化

3—5 月为春季, 6—8 月为夏季, 9—11 月为秋季, 全书同

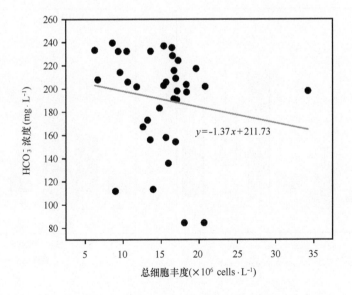

图 5.7　汾河太原段浮游植物总细胞丰度与 HCO$_3^-$ 浓度之间的关系

5.2.6 不同季节、不同采样点 $p\mathrm{CO_2}$ 的分布特征及影响因素

5.2.6.1 $p\mathrm{CO_2}$ 的分布特征

水体 $p\mathrm{CO_2}$ 的变化作为指示流域碳循环过程的重要指标，可以反映河流体系中有机碳与无机碳之间的相互转化规律。而在水生生态系统中，pH、碱度（$\mathrm{HCO_3^-}$）和 $\mathrm{CO_2}$ 是相互关联的。本研究中 6 个采样点的 pH 值为 8~9.35，平均值为 8.70±0.35，整体呈现弱碱性。水体中大部分 $\mathrm{CO_2}$ 来自有机物的分解和水生生物的呼吸作用[195]。通常在被污染的环境中，$\mathrm{CO_2}$ 的浓度很高。如图 5.8 所示，汾河太原段 $p\mathrm{CO_2}$ 变化范围为 37.66~1 982.21 μatm，平均值为 556.76 μatm。从时间上来看，图 5.8（a）中 $p\mathrm{CO_2}$ 呈现先上升再下降的趋势，6 月平均值达到最高。单因素方差分析事后检验表明，夏季与秋季之间的 $p\mathrm{CO_2}$ 差异显著。从采样点上看，图 5.8（b）中 $p\mathrm{CO_2}$ 由北至南呈现先上升再下降，然后又上升的趋势，最大值出现在 S3 采样点。

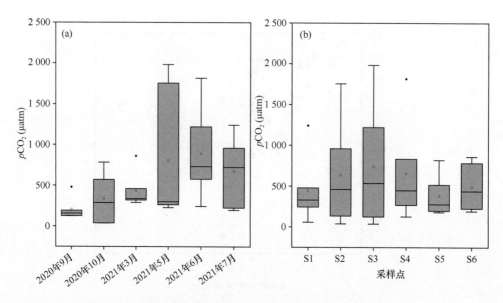

图 5.8　汾河太原段各季节（a）及采样点（b）$p\mathrm{CO_2}$ 变化

河流中的 $p\mathrm{CO_2}$ 由四个主要的物理和生物过程控制[196]，即①土壤 $\mathrm{CO_2}$ 的输

入；②有机碳的原位呼吸；③水生生物的光合作用；④由水中逃逸到空气中的 CO_2。前两个过程会导致 pCO_2 的增加，而后两个过程会导致 pCO_2 减少。枯水期（9—10 月）pCO_2 较低可能是因为水体中不活跃的微生物活动和较高的水体透明度导致光合作用增强[197]。由第 3 章结果可知，秋季的光合作用效率要高于春季和夏季，因此，该时期 pCO_2 相对较低。而第 4 章结果表明，春季与夏季 DOC 浓度高于秋季，表明 DOC 的分解释放是该时期 pCO_2 升高的一个原因。

5.2.6.2 pCO_2 与环境因子的关系

研究发现，当 pH 值超过 8.3 时，河流充当碳汇，当 pH 值低于 8.3 时，河流充当碳源，均表明 CO_2 通量的 pH 依赖性[196]。线性回归分析表明（图 5.9），pCO_2 与 pH 呈极显著负线性相关（$P < 0.000\ 1$）。pCO_2 的升高导致水体中碳酸盐化学性质的持续变化，改变了游离 CO_2、HCO_3^- 和 CO_3^{2-} 之间的平衡，从而影响了 pH。Shi 等[194] 指出，CO_2 升高导致梅梁湾各季节 pH 值的降低，尤其是春季当 CO_2 浓度提高到 $750 \times 10^{-6}\ mg \cdot L^{-1}$ 时，pH 值的最大降低量为 0.6 个单位。DO 在元素循环中主要控制水体中有机物的降解途径和产物。在碳循环过程中，有机质在有氧条件下主要产生 CO_2，在缺氧条件下主要产生 CH_4。本研究中的 Pearson 相关分析也表明，pCO_2 与 DO 之间呈负相关。这种现象的产生是由于河流中的 DOC 原位呼吸过程消耗氧气，产生了 CO_2，从而降低了水体的 pH，这一结果与 Cole 等[198] 的研究结果相似。同时，水体中浮游植物光合作用消耗 CO_2，产生 O_2，导致平衡反应（$CO_2 + H_2O \rightleftharpoons HCO_3^- + H^+$）向左移动[198]，$H^+$ 浓度降低，造成水体 pH 升高。之前的研究也表明有机碳的原位呼吸是 pCO_2 与 pH、DO 呈现负相关的关键驱动因素，同时，也是维持河流 pCO_2 过饱和的主要因素[196,199]。此外，当河水较浅时，生活废水的排放同样会使河流中原位呼吸作用加强，从而导致较高的 pCO_2。

在进行主成分分析前，从浮游植物细胞丰度、HCO_3^-、pH、TN、NH_4^+、NO_3^-、pCO_2、DO、WT、叶绿素 a 中筛选出相关性较高的变量（表 5.3），然后将筛选出的因子在 SPSS 软件中进行 KMO 检验和 Bartlett 球形度检验，以判断主成分分析是否能够合理解释初选因子的变化规律。结果表明，KMO 检验结果为

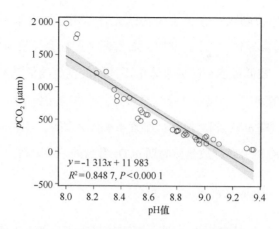

图 5.9　汾河太原段 pCO_2 与 pH 之间的关系

0.656（>0.6），Bartlett 球形度检验中的显著性为 0.000（<0.05），说明所筛选出的因子适合进行主成分分析，能够揭示出 pCO_2 变化的主要控制因素。根据特征值大于 1 的标准，所提取出的 3 个主成分共解释了原始变量 80.63% 的信息，可以用于进一步分析。

表 5.3 为旋转后的因子载荷矩阵，其中，浮游植物细胞丰度、HCO_3^-、pH、TN、pCO_2 是主成分 1 中有较大载荷的变量；DO 和 WT 在主成分 2 中有较大的载荷；叶绿素 a 在主成分 3 中有较大的载荷。表明除 pH、DO 外，浮游植物细胞丰度、HCO_3^-、TN 也是影响 pCO_2 变化的因素。

表 5.3　基于主成分分析旋转后的因子载荷矩阵

	主成分 1	主成分 2	主成分 3
HCO_3^-	−0.833	−0.227	0.130
浮游植物细胞丰度	0.800	0.272	0.107
pH	0.792	−0.531	0.122
TN	0.765	0.166	−0.423
pCO_2	−0.697	0.643	−0.137
DO	−0.244	−0.648	0.513
WT	0.206	0.645	0.558
Chl a	0.193	0.230	0.853

5.2.6.3 pCO_2 与浮游植物的关系

不同浮游植物对 CO_2 浓度升高的响应机制存在潜在的差异，而决定特定浮游植物类群适应无机碳浓度变化的关键机制即为碳浓缩机制（CCM）。由于 CO_2 和 HCO_3^- 是浮游植物吸收无机碳的主要来源，因此，碳有时可能是一种限制性营养物质[200]。最近的一项研究对水体酸化（CO_2 浓度较高）条件下浮游植物的生长进行了探究，结果表明，pCO_2 的升高会促进藻类生物量和初级生产力的增加[201]。然而，在本研究中，pCO_2 与浮游植物的生长之间呈负相关。还有其他一些研究表明，pCO_2 的升高并没有引起总初级生产力、净初级生产力、颗粒性和溶解性碳生产以及生长速率的显著变化[202]。似乎 pCO_2 的升高并没有直接催化浮游植物生物量的增加，这与增加可用碳将导致藻华的普遍说法相矛盾。但应该注意的是，该系统是高度缓冲的，这可能是由于 pCO_2 增加而导致缺乏显著变化的原因之一[203]。

基于 CCM 的物种特异性[204]，蓝藻、绿藻及硅藻对 CO_2 浓度的响应也会有所差异。许多早期的研究报道了浮游群落会随着 CO_2 水平的增加而发生变化，这被认为浮游群落不仅受碳酸盐化学的控制，还受养分有效性和物种偏好的控制[205]。如图 5.10 所示，在本研究中三种类群细胞丰度大多处于 pCO_2 小于 1 000 μatm 的范围，绿藻门细胞丰度随着 pCO_2 的升高而保持相对稳定，相比之下，硅藻门细胞丰度有所下降，而蓝藻门细胞丰度呈现缓慢增长的趋势，并伴随着 HCO_3^- 浓度的明显升高。这些结果表明，与蓝藻和绿藻相比，硅藻对 CO_2 的需求量较低，因为它们在较低的 pCO_2 条件下表现出较高的丰度。而高浓度 CO_2 对于蓝藻具有促进作用，其降低了蓝藻对 HCO_3^- 的主动运输，节省了这一过程所需要的能量，间接提高了藻类的总体光合效率。同时也反映出蓝藻生长对 CO_2 浓度变化的高敏感性，具体表现为减少藻类 CCM 的需求，造成相关酶（胞外 CA）的活性下降。因此，当无机碳受到限制时，蓝藻的 CCM 较其他藻类更为有效，有利于水体中蓝藻的生长繁殖[74]。

无机碳之间的变化会对 pH 产生影响，而藻类对 pH 也具有较高的敏感性[206]。研究表明，一方面，当 pH 降低时，蓝藻可以降低其与绿藻之间的竞

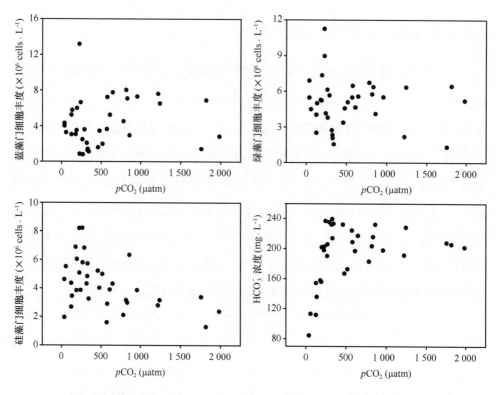

图 5.10　蓝藻门、绿藻门、硅藻门细胞丰度和 HCO_3^- 浓度与 pCO_2 散点图

争[194]。蓝藻是在太古纪高 CO_2 浓度的条件下进化而来的，与其他浮游植物相比，它具有特别低的 CO_2 亲和力 Rubisco，因此可能受益于未来升高的 CO_2 分压。但全球 CO_2 浓度的上升也可能会降低蓝藻的强度，因为 CO_2 的上升可能对拥有 CCM 的物种的有益影响较小[207]。到目前为止，对于 CO_2 浓度的增加将如何影响自然水生态系统中的单个蓝藻尚不清楚[208]。之前的研究表明，微囊藻（*Microcystis*）对梅梁湾水体 CO_2 的变化没有表现出任何显著的响应[209]，尽管使用单一浮游植物物种的实验室研究表明，CO_2 浓度的增加使铜绿微囊藻（*Microcystis aeruginosa*）的生长速度提高了 52%～77%[194]。本研究结果表明，在夏季高 pCO_2 水平下，蓝藻具有优势，尤其以微囊藻为优势藻种（图 5.11）。而在秋季低 pCO_2 水平下，伪鱼腥藻属（*Pseudanabaena* sp.）成为优势类群。Shi 等[194] 发现太湖鱼腥藻对 CO_2 浓度的变化也非常敏感，但它们的生物量随着 CO_2 浓度的升高而增加，表明 CO_2 浓度的升高可能会加剧鱼腥藻水华的严重程

度。而室内培养实验结果却表明，CO_2 富集可抑制鱼腥藻的生长[210]，这与本研究的结果相似。

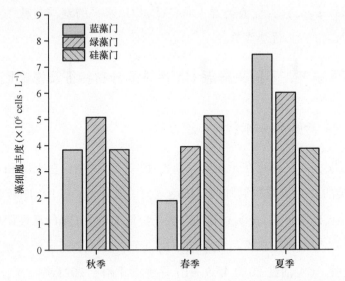

图 5.11　各季节蓝藻门、绿藻门、硅藻门细胞丰度及优势类群变化

现有文献表明，由于有效 CCM 的存在，硅藻可能对于 CO_2 水平升高的反应较弱[211]。但在最近的一项研究中发现，在罗斯海由硅藻主导的群落中观察到 CO_2 浓度升高时碳固定增强，这种增强效应是由于在高 CO_2 浓度条件下降低了无机碳运输的能量成本[212]。因此假设硅藻可以从增加的 CO_2 浓度中受益，但同时也应考虑养分有效性和物种偏好。例如，Tortell 等[213] 研究发现，当 CO_2 浓度从 $150×10^{-6}$ mg · L^{-1} 提高到 $750×10^{-6}$ mg · L^{-1} 时，虽然硅藻的丰度降低，但 *Phaeocystis* 种群的丰度增加，其原因不仅在于 CO_2 水平的差异，还在于养分的利用及类群的偏好。本研究在高 pCO_2 水平条件下以直链藻属（*Melosira* sp.）为优势类群，在低 pCO_2 水平下以小环藻属（*Cyclotella* sp.）为优势类群。

相比较而言，绿藻的碳吸收能力比蓝藻低，对 CO_2 的 Rubisco 特异性低于硅藻[192]。有报道称，当 CO_2 浓度升高时，蓝藻以牺牲其他藻群为代价使自己的相对频率增加[214]。许多淡水绿藻物种在高 CO_2 浓度条件下也会增加它们的竞争能力，包括莱茵衣藻（*Chlamydomonas reinhardtii*）、蛋白核小球藻（*Chlorella pyre-*

noidosa)、羊角月牙藻（*Pseudokirchneriella subcapitata*）[215]。本研究结果表明，CO_2 水平上升对绿藻类群的偏好主要表现为：在高 pCO_2 水平的夏季，以衣藻（*Chlamydomonas* sp.）为优势类群，而在低 pCO_2 水平的春季与秋季，均以小球藻（*Chlorella* sp.）为优势类群。

5.2.7　不同季节、不同采样点 CA 活性的分布特征及影响因素

5.2.7.1　CA 活性的分布特征

研究表明，CA 广泛存在于植物、动物和原核生物中，在土壤和水环境中常见[216]。藻类的 CO_2 浓缩机制即通过细胞表面的胞外 CA 将 HCO_3^- 转化为 CO_2 以直接和/或间接地来吸收 HCO_3^-。目前，关于汾河流域中 CA 的活性研究还尚未有报道。图 5.12 为本研究在汾河流域的不同季节、不同采样点所观察到的 CA 活性。结果表明，CA 活性 2020 年 9—10 月逐渐下降，2021 年 3 月呈上升的趋势，夏季活性又再次降低。季节变化通常会导致流域生态环境、人类活动水平、水质参数以及水生生物活动的变化，从而对水体 CA 活性产生影响，因此不同采样点 CA 活性的季节变化是不同的。单因素方差分析事后检验表明，春季汾河流域中的 CA 活性（平均值为 $0.92\ U \cdot mL^{-1}$）显著高于夏季（平均值为 $0.61\ U \cdot mL^{-1}$）和秋季（平均值为 $0.45\ U \cdot mL^{-1}$）（$P < 0.01$）。从各采样点来看，S5 采样点的 CA 活性最高。

水体中 CA 的来源可能取决于河流生态系统，一方面，CA 可能来源于水生生物，如水生动植物、藻类和水中的微生物；另一方面，陆生土壤中的 CA 可能来源于陆生植物和土壤微生物[217]，也可能通过降雨进入河流中，成为影响水体 CA 活性的又一个重要因素。Nzung'a 等[218] 的研究表明，水体中的 CA 活性也会受到包括其他生态环境，如土地利用方式、植被类型、物种多样性、植物生长状况、人类活动等的影响。除此之外，水体的物理化学参数（如 pH、DO、温度和各种离子的浓度）也会影响水体中 CA 的活性。一些研究表明，CA 活性在体外和活细胞中表现出强烈的 pH 依赖性[219]，较高的 CA 活性通常在高 pH 值的环境中被发现，本研究中春季的 pH 值最高（8.65），这也是水样 CA 活性在春季比较高的原因。在生态环境较好的区域，生物多样性丰富，人为干扰小，水样 CA 活

性较高。CA 活性相对较低的采样点位于工厂和居民区，由于人类活动导致河流受到严重的水污染，影响了水生藻类的光合作用和养分吸收，进而影响了水体中 CA 的活性。

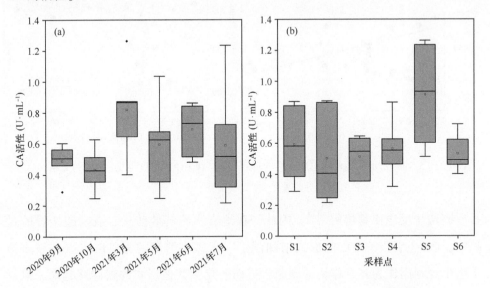

图 5.12　汾河太原段各季节（a）及采样点（b）的 CA 活性变化情况

5.2.7.2　汾河太原段 CA 活性与 pCO_2 及 HCO_3^- 浓度的关系

本研究中，汾河流域水体的 CA 活性与 pCO_2 呈显著负相关（$y = -652.4x + 949.9$，$R^2 = 0.111\,2$，$P < 0.05$）[图 5.13（a）]，即高 CO_2 浓度条件能够满足藻细胞的正常生长与光合作用的需要，使得胞外 CA 活性受到抑制。从汾河太原段 CA 活性与 HCO_3^- 浓度的相关性分析可以看出，水体中 CA 活性与 HCO_3^- 浓度呈显著正相关（$y = 71.9x + 147.7$，$R^2 = 0.194\,5$，$P < 0.01$）[图 5.13（b）]。上述结果表明，水体中的 CA 促进了 CO_2 向 HCO_3^- 的转化，这对汾河流域的碳汇具有不可忽视的影响。

碳循环的过程涉及水、岩石风化、CO_2 气体和水生生物相互作用的复杂过程。CO_2 转化为 HCO_3^- 被认为是岩石风化溶解过程中的一个限速步骤[220]。由于 CA 能够催化 CO_2 的可逆水合作用，因此，CA 可以作为 CO_2 转化为 HCO_3^- 的生物催化剂，并有助于碳酸的产生。上述反应产生的碳酸可能会继续与硅酸

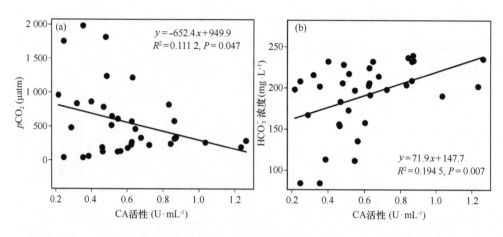

图 5.13　汾河太原河段 CA 活性与 pCO_2（a）和 HCO_3^- 浓度（b）之间的关系

盐或碳酸盐反应使其溶解[221]。因此，在地表水溶解硅酸盐岩或碳酸盐岩的过程中，CA 主要以 HCO_3^- 的形式增加碳汇。水体中溶解的无机碳可以进一步被水生生物利用作为光合作用的碳源，进而转化为其他形式的碳储存起来。该过程通过以下反应降低地表水中 CO_2 的排放量：$Ca^{2+} + 2HCO_3^- \rightarrow CaCO_3 + CH_2O$（有机物）$+O_2$[222]。

研究表明，一定浓度的 HCO_3^- 可以诱导土壤细菌和微藻胞外 CA 活性的表达[223]，但是诱导胞外 CA 活性表达的 HCO_3^- 浓度范围也会因生物体不同而不同。例如，在 $1\sim 5$ mmol·L^{-1} HCO_3^- 浓度范围内，小球藻胞外 CA 活性一般随 HCO_3^- 浓度的增加而增加[223]。汾河流域 HCO_3^- 浓度均低于 5 mmol·L^{-1}，在这一 HCO_3^- 浓度范围内，CA 活性随 HCO_3^- 浓度的增加而增加。

光合作用的一个主要限制因子是低 CO_2 浓度导致浮游植物潜在的碳限制[224]。为了平衡这种有时受限的碳供应，CCM 与酶（即 CA）共同进化，通过增加羧酸体、叶绿体或类囊体腔固定部位的 CO_2 浓度和 CO_2/O_2 比值，使 Rubisco 在 Calvin-Benson 循环中饱和[225]。CCM 及其相关的酶是评估光自养生物的重要机制，无论是在水体还是在沉积物中，它们都可能通过影响碳固定和利用，进而影响生产力和生物量[226]。事实上，如果无机碳以 HCO_3^- 的形式积累在细胞质中，细胞质中的 CA 可能通过增加细胞中的 CO_2 流出而降低 CCM 的效率，该酶可能为后续叶绿体提供恒定的 CO_2 供应[227]。因此，在当前和未来的汾河流域碳汇容量研究中，CA 的作用不容忽视。

5.2.7.3　汾河太原段 CA 活性与浮游植物的关系

考虑到藻类光合作用消耗 DIC 和 CO_2，因此，藻类的生长在一定程度上受到 DIC 和 CO_2 的影响。这意味着，如果 DIC 或 CO_2 对 CA 活性有潜在的影响，则 DIC 或 CO_2 浓度将与藻细胞丰度呈现一定的相关性。本研究结果表明，CA 活性与总细胞丰度呈不显著正相关。如表 5.4 所示，从浮游植物各类群来看，CA 活性与蓝藻门之间无明显相关性，与绿藻门呈较弱的负相关，但与硅藻门呈显著正相关（$R=0.405$，$P=0.014$）。据研究发现，大多数藻类同时具有胞外酶与胞内酶，且胞外酶活性通常大于胞内酶活性[228]。这表明硅藻对胞外 CA 活性的贡献高于蓝藻与绿藻。此外，本研究发现 DO 与 CA 活性呈显著正相关（$R=0.463$，$P=0.004$）。DO 是影响藻类生长的一个重要因素，同时还通过影响水体中藻类的光合作用和呼吸速率，进而影响藻类 CA 活性的表达。DO 对 CA 活性的影响主要通过控制参与藻类物质循环和能量转移的酶的动力学来实现[229]。

表 5.4　CA 活性与浮游植物和环境因子之间的 Pearson 相关性

	蓝藻门	绿藻门	硅藻门	WT	pH	DO	NO_3^-	NH_4^+	TN	TP
CA	-0.002	0.049	0.405*	-0.232	0.240	0.463**	-0.092	0.029	-0.332*	-0.077

注：* 表示在 0.05 水平上相关性显著；** 表示在 0.01 水平上相关性显著。

5.3　小结

（1）Piper 三线图表明，汾河太原段水化学类型主要为 $SO_4^{2-} \cdot Cl^- - Na^+$ 类型。

（2）硅酸盐岩风化是影响汾河太原段水化学特征的重要因素。

（3）硅藻在较低的 pCO_2 条件下表现出较高的丰度，因而对 CO_2 的需求量较低；而高浓度 CO_2 对于蓝藻具有促进作用，其降低了蓝藻对 HCO_3^- 的主动运输，节省了这一过程所需要的能量，间接提高了藻类的总体光合效率。

（4）硅藻与胞外 CA 活性呈显著正相关。影响 CA 活性的因素包括 pCO_2、HCO_3^-、DO 和 TN。

参考文献

［1］中华人民共和国统计局. 中国统计年鉴［M］. 北京：中国统计出版社，2021.

［2］DING C, DONG W, ZHANG A, et al. Life cycle water footprint assessment of concrete production in Northwest China［J］. Water Policy, 2021, 23（5）：1211-1229.

［3］CHEN X, ZHOU W, PICKETT S T, et al. Diatoms are better indicators of urban stream conditions：a case study in Beijing, China［J］. Ecological Indicators, 2016, 60：265-274.

［4］HE D, ZHANG K, TANG J, et al. Using fecal sterols to assess dynamics of sewage input in sediments along a human-impacted river-estuary system in eastern China［J］. Science of the Total Environment, 2018, 636：787-797.

［5］ZHANG X, WU Y, GU B. Urban rivers as hotspots of regional nitrogen pollution［J］. Environmental Pollution, 2015, 205：139-144.

［6］DUNALSKA J A, GROCHOWSKA J, WINIEWSKI G, et al. Can we restore badly degraded urban lakes?［J］. Ecological Engineering, 2015, 82：432-441.

［7］HOU J H, FENG M Q, XING X P, et al. Research on the pollution diffusion regularity near sewage outlet areas in Yuncheng Reach of the Fen River［J］. Advanced Materials Research, 2012, 383：2430-2436.

［8］LIANG W, BAI D, WANG F, et al. Quantifying the impacts of climate change and ecological restoration on streamflow changes based on a Budyko hydrological model in China's Loess Plateau［J］. Water Resources Research, 2015, 51（8）：6500-6519.

［9］ZHANG X P, ZHANG L, MCVICAR T R, et al. Modelling the impact of afforestation on average annual streamflow in the Loess Plateau, China［J］. Hydrological Processes：An International Journal, 2008, 22（12）：1996-2004.

［10］冯佳，郭宇宁，王飞，等. 太原汾河景区浮游植物群落结构及其与环境因子关系分析［J］. 环境科学，2016（4）：1353-1361.

［11］ JIA J, GAO Y, ZHOU F, et al. Identifying the main drivers of change of phytoplankton commu-nity structure and gross primary productivity in a river-lake system ［J］. Journal of Hydrology, 2020, 583: 124633.

［12］ YANG J, WANG F, LV J P, et al. Responses of freshwater algal cell density to hydrochemical variables in an urban aquatic ecosystem, northern China ［J］. Environmental Monitoring and Assessment, 2019, 191: 29.

［13］ 胡鸿钧, 魏印心. 中国淡水藻类: 系统、生态及分类 ［M］. 北京: 科学出版社, 2006.

［14］ YANG Y, CHEN H, AI M A, et al. Urbanization reduces resource use efficiency of phytoplank-ton community by altering the environment and decreasing biodiversity ［J］. Journal of Envi-ronmental Sciences, 2022, 112: 140-151.

［15］ 李强. 东北典型湖库浮游植物多样性研究 ［D］. 哈尔滨: 东北农业大学, 2013.

［16］ DODGE J D. Some revisions of the family Gonyaulacaceae (Dinophyceae) based on a scanning electron microscope study ［J］. Botanica Marina, 1989, 32 (4): 275-298.

［17］ 许歆. 秦皇岛近海浮游植物群落结构变化及其组学研究 ［D］. 北京: 中国科学院大学, 2017.

［18］ 牛海玉, 陈纯, 韩博平. 基于浓缩法的浮游植物定量数据稳定性与可靠性分析 ［J］. 湖泊科学, 2015, 27 (5): 776-782.

［19］ 金相灿, 屠清瑛. 湖泊富营养化调查规范 (第二版) ［M］. 北京: 中国环境科学出版社, 1990: 114-117.

［20］ ADACHI M, SAKO Y, ISHIDA Y. Restriction fragment length polymorphism of ribosomal DNA internal transcribed spacer and 5.8 S regions in Japanese *Alexandrium* species (Dinophyceae) ［J］. Journal of Phycology, 1994, 30 (5): 857-863.

［21］ MURAYAMA-KAYANO E, YOSHIMATSU S, KAYANO T, et al. Application of the random amplified polymorphic DNA (RAPD) technique to distinguishing species of the red tide phyto-plankton *Chattonella* (Raphydophyceae) ［J］. Journal of Fermentation and Bioengineering, 1998, 85 (3): 343-345.

［22］ WILLIAMS S K, KEMPTON J, WILDE S B, et al. A novel epiphytic cyanobacterium associat-ed with reservoirs affected by avian vacuolar myelinopathy ［J］. Harmful Algae, 2007, 6 (3): 343-353.

［23］ HOSOI-TANABE S, SAKO Y. Rapid detection of natural cells of *Alexandrium tamarense* and *A. catenella* (Dinophyceae) by fluorescence in situ hybridization ［J］. Harmful Algae, 2005,

4 (2): 319-328.

[24] COUNTWAY P D, CARON D A. Abundance and distribution of *Ostreococcus* sp. in the San Pedro Channel, California, as revealed by quantitative PCR [J]. Applied and Environmental Microbiology, 2006, 72 (4): 2496-2506.

[25] ZIMMERMANN J, GLÖCKNER G, JAHN R, et al. Metabarcoding vs. morphological identification to assess diatom diversity in environmental studies [J]. Molecular Ecology Resources, 2015, 15 (3): 526-542.

[26] MAHON A R, BARNES M A, SENAPATI S, et al. Molecular detection of invasive species in heterogeneous mixtures using a microfluidic carbon nanotube platform [J]. PLoS One, 2011, 6 (2): e17280.

[27] HONG S, BUNGE J, LESLIN C, et al. Polymerase chain reaction primers miss half of rRNA microbial diversity [J]. The ISME Journal, 2009, 3 (12): 1365-1373.

[28] DECELLE J, ROMAC S, STERN R F, et al. PhytoREF: a reference database of the plastidial 16S rRNA gene of photosynthetic eukaryotes with curated taxonomy [J]. Molecular Ecology Resources, 2015, 15 (6): 1435-1445.

[29] BRANDER K, KIØRBOE T. Decreasing phytoplankton size adversely affects ocean food chains [J]. Global Change Biology, 2020, 26 (10): 5356-5357.

[30] TARAFDAR L, KIM J Y, SRICHANDAN S, et al. Responses of phytoplankton community structure and association to variability in environmental drivers in a tropical coastal lagoon [J]. Science of the Total Environment, 2021, 783: 146873.

[31] CAO X F, WANG J, LIAO J Q, et al. The threshold responses of phytoplankton community to nutrient gradient in a shallow eutrophic Chinese lake [J]. Ecological Indicators, 2016, 61: 258-267.

[32] 方婷轩, 马增岭. 铜绿微囊藻 (*Microcystis aeruginosa*) 次生代谢物对普通小球藻 (*Chlorella vulgaris*) 生长及有效量子产率的影响 [J]. 湖泊科学, 2018, 30 (3): 732-740.

[33] WANG L C, ZI J M, XU R B, et al. Allelopathic effects of *Microcystis aeruginosa* on green algae and a diatom: evidence from exudates addition and co-culturing [J]. Harmful Algae, 2017, 61: 56-62.

[34] KUMAR A, BERA S. Revisiting nitrogen utilization in algae: a review on the process of regulation and assimilation [J]. Bioresource Technology Reports, 2020, 12: 100584.

[35] GEIDER R J, LA ROCHE J. Redfield revisited: variability of C : N : P in marine microalgae

and its biochemical basis [J]. European Journal of Phycology, 2002, 37 (1): 1-17.

[36] TANENTZAP A J, SZKOKAN-EMILSON E J, KIELSTRA B W, et al. Forests fuel fish growth in freshwater deltas [J]. Nature Communications, 2014, 5 (1): 4077.

[37] 赵海萍. 渤海湾有机碳时空特征及其循环过程生态水动力学模拟 [D]. 天津：天津大学, 2019.

[38] LUTZ M J, CALDEIRA K, DUNBAR R B, et al. Seasonal rhythms of net primary production and particulate organic carbon flux to depth describe the efficiency of biological pump in the global ocean [J]. Journal of Geophysical Research: Oceans, 2007, 112: C10011.

[39] HENSON S A, SANDERS R, MADSEN E. Global patterns in efficiency of particulate organic carbon export and transfer to the deep ocean [J]. Global Biogeochemical Cycles, 2012, 26 (1): GB1028.

[40] GAO Y, JIA J J, LU Y, et al. Determining dominating control mechanisms of inland water carbon cycling processes and associated gross primary productivity on regional and global scales [J]. Earth-Science Reviews, 2021, 213: 103497.

[41] SANDERS R, HENSON S A, KOSKI M, et al. The biological carbon pump in the North Atlantic [J]. Progress in Oceanography, 2014, 129: 200-218.

[42] NEUER S, IVERSEN M H, FISCHER G. Featured L&O E-Lecture: the ocean's biological carbon pump as part of the global carbon cycle [J]. Limnology & Oceanography Bulletin, 2016, 25 (1): 22-23.

[43] PASSOW U, CARLSON C A. The biological pump in a high CO_2 world [J]. Marine Ecology Progress Series, 2012, 470: 249-271.

[44] LI X M, LUO K M, REN J Q, et al. Characterisation of extracellular polymeric substances from different cyanobacterial species and their influence on biocalcification processes [J]. Environmental Chemistry, 2017, 14 (4): 254-265.

[45] WU Z S, LAI X J, ZHANG L B, et al. Phytoplankton chlorophyll a in Lake Poyang and its tributaries during dry, mid-dry and wet seasons: a 4-year study [J]. Knowledge and Management of Aquatic Ecosystems, 2014, 412 (6): 1-14.

[46] KAZANJIAN G, FLURY S, ATTERMEYER K, et al. Primary production in nutrient-rich kettle holes and consequences for nutrient and carbon cycling [J]. Hydrobiologia, 2018, 806 (1): 77-93.

[47] SONG C, DODDS W K, RÜEGG J, et al. Continental-scale decrease in net primary productivi-

ty in streams due to climate warming [J]. Nature Geoscience, 2018, 11 (6): 415-420.

[48] 沈子伟. 长江天鹅洲、黑瓦屋故道水域初级生产力及其与若干生态因子的关系研究 [D]. 重庆: 西南大学, 2007.

[49] 何志辉. 淡水生态学 [M]. 北京: 中国农业出版社, 2000: 140-153.

[50] MEERA S, NANDAN S B. Water quality status and primary productivity of Valanthakad Backwater in Kerala [J]. Indian Journal of Geo-Marine Sciences, 2010, 391 (1): 105-113.

[51] RYTHER J H, YENTSCH C S. The estimation of phytoplankton production in the ocean from chlorophyll and light data [J]. Limnology & Oceanography, 1957, 2 (3): 281-286.

[52] LI Y H, GE G, WANG M L, et al. Characteristics of primary productivity of Lake Poyang in wet and dry seasons and the correlations with environmental factors using the vertically generalized production model [J]. Journal of Lake Sciences, 2016, 28 (3): 575-582.

[53] BROWNING T J, ACHTERBERG E P, RAPP I, et al. Nutrient co-limitation at the boundary of an oceanic gyre [J]. Nature, 2017, 551 (7679): 242-246.

[54] WU Z S, HE H, CAI Y J, et al. Spatial distribution of chlorophyll a and its relationship with the environment during summer in Lake Poyang: a Yangtze-connected lake [J]. Hydrobiologia, 2014, 732 (1): 61-70.

[55] BRETT M T, BUNN S E, CHANDRA S, et al. How important are terrestrial organic carbon inputs for secondary production in freshwater ecosystems? [J]. Freshwater Biology, 2017, 62 (5): 833-853.

[56] XIAO Q, XU X F, DUAN H T, et al. Eutrophic Lake Taihu as a significant CO_2 source during 2000—2015 [J]. Water Research, 2020, 170: 115331.

[57] ZWART J A, SEBESTYEN S D, SOLOMON C T, et al. The influence of hydrologic residence time on lake carbon cycling dynamics following extreme precipitation events [J]. Ecosystems, 2017, 20 (5): 1000-1014.

[58] HALL R O, TANK J L, BAKER M A, et al. Metabolism, gas exchange, and carbon spiraling in rivers [J]. Ecosystems, 2016, 19 (1): 73-86.

[59] OGBUAGU D H, AYOADE A A. Estimation of primary production along gradients of the middle course of Imo River in Etche, Nigeria [J]. International Journal of Biosciences, 2011, 1 (4): 68-73.

[60] 蔡琳琳, 朱广伟, 李向阳. 太湖湖岸带浮游植物初级生产力特征及影响因素 [J]. 生态学报, 2013, 33 (22): 7250-7258.

［61］ KELLERMAN A M, DITTMAR T, KOTHAWALA D N, et al. Chemodiversity of dissolved or-
ganic matter in lakes driven by climate and hydrology ［J］. Nature Communications, 2014, 5
（1）: 1-8.

［62］ BUTMAN D, RAYMOND P A. Significant efflux of carbon dioxide from streams and rivers in
the United States ［J］. Nature Geoscience, 2011, 4 （12）: 839-842.

［63］ MLADENOV N, HUNTSMAN-MAPILA P, WOLSKI P, et al. Dissolved organic matter accu-
mulation, reactivity, and redox state in ground water of a recharge wetland ［J］. Wetlands,
2008, 28 （3）: 747-759.

［64］ DITTMAR T, STUBBINS A. Dissolved organic matter in aquatic systems. //Holland H D,
Turekian K K （eds）, Treatise on Geochemistry ［M］. 2nd edn. Oxford: Elsevier Press,
2014: 125-156.

［65］ 马丽娜. 河北淀河水体溶解性有机物演化规律研究 ［D］. 南宁: 广西大学, 2015.

［66］ KALBITZ K, SCHMERWITZ J, SCHWESIG D, et al. Biodegradation of soil-derived dissolved
organic matter as related to its properties ［J］. Geoderma, 2003, 113 （3-4）: 273-291.

［67］ COBLE P G. Characterization of marine and terrestrial DOM in seawater using excitation-emis-
sion matrix spectroscopy ［J］. Marine Chemistry, 1996, 51 （4）: 325-346.

［68］ STEDMON C A, BRO R. Characterizing dissolved organic matter fluorescence with parallel
factor analysis: a tutorial ［J］. Limnology & Oceanography: Methods, 2008, 6 （11）:
572-579.

［69］ RAYMOND P A, HAMILTON S K. Anthropogenic influences on riverine fluxes of dissolved in-
organic carbon to the oceans ［J］. Limnology & Oceanography Letters, 2018, 3 （3）:
143-155.

［70］ LI S L, CALMELS D, HAN G, et al. Sulfuric acid as an agent of carbonate weathering con-
strained by $\delta^{13}C$ DIC: examples from Southwest China ［J］. Earth and Planetary Science Let-
ters, 2008, 270 （3-4）: 189-199.

［71］ 严壮, 汪夏雨, 李为, 等. 岩溶区水生生态系统微藻的生物碳泵效应 ［J］. 微生物学
报, 2019, 59 （6）: 1012-1025.

［72］ MIRJAFARI P, ASGHARI K, MAHINPEY N. Investigating the application of enzyme carbonic
anhydrase for CO_2 sequestration purposes ［J］. Industrial & Engineering Chemistry Research,
2007, 46 （3）: 921-926.

［73］ PRABHU C, WANJARI S, PURI A, et al. Region-specific bacterial carbonic anhydrase for biomimetic sequestration of carbon dioxide [J]. Energy & Fuels, 2011, 25 (3): 1327-1332.

[74] 沈倩. 嘉陵江回水区水体碳赋存形态特征及碳酸酐酶活性研究 [D]. 重庆: 重庆大学, 2015.

[75] VAN DEN HENDE S, VERVAEREN H, BOON N. Flue gas compounds and microalgae: (Bio-) chemical interactions leading to biotechnological opportunities [J]. Biotechnology Advances, 2012, 30 (6): 1405-1424.

[76] 张君枝, 王齐, 马文林, 等. 水体无机碳升高对蓝绿藻生长和种群竞争的影响研究进展 [J]. 生态环境学报, 2015, 24 (7): 1245-1252.

[77] 邹定辉, 高坤山, 阮祚禧. 高 CO_2 浓度对石莼光合作用及营养盐吸收的影响 [J]. 中国海洋大学学报 (自然科学版), 2001, 31 (6): 877-882.

[78] 夏建荣, 高坤山. 绿藻 CO_2 浓缩机制的研究进展 [J]. 应用生态学报, 2002, 13 (11): 1507-1510.

[79] GOYAL A, SHIRAIWA Y, HUSIC H D, et al. External and internal carbonic anhydrases in *Dunaliella* species [J]. Marine Biology, 1992, 113 (3): 349-355.

[80] 夏建荣, 高坤山. CO_2 浓度升高对斜生栅藻生长和光合作用的影响 [J]. 植物生理学通讯, 2002, 38 (5): 431-433.

[81] RAVEN J A, GIORDANO M, BEARDALL J, et al. Algal and aquatic plant carbon concentrating mechanisms in relation to environmental change [J]. Photosynthesis Research, 2011, 109 (1): 281-296.

[82] GIORDANO M, NORICI A, FORSSEN M, et al. An anaplerotic role for mitochondrial carbonic anhydrase in *Chlamydomonas reinhardtii* [J]. Plant Physiology, 2003, 132 (4): 2126-2134.

[83] GÜCKER B, BRAUNS M, PUSCH M T. Effects of wastewater treatment plant discharge on ecosystem structure and function of lowland streams [J]. Journal of the North American Benthological Society, 2006, 25 (2): 313-329.

[84] YANG J, ZHANG X J, LV J P, et al. Seasonal co-occurrence patterns of bacteria and eukaryotic phytoplankton and the ecological response in urban aquatic ecosystem [J]. Journal of Oceanology and Limnology, 2022, 40 (4): 1508-1529.

[85] DUFFY J E, CARDINALE B J, FRANCE K E, et al. The functional role of biodiversity in ecosystems: incorporating trophic complexity [J]. Ecology Letters, 2007, 10 (6): 522-538.

[86] JONES A C, LIAO T V, NAJAR F Z, et al. Seasonality and disturbance: annual pattern and

response of the bacterial and microbial eukaryotic assemblages in a freshwater ecosystem ［J］.
Environmental Microbiology, 2013, 15 (9): 2557-2572.

［87］ BUNSE C, BERTOS-FORTIS M, SASSENHAGEN I, et al. Spatio-temporal interdependence
of bacteria and phytoplankton during a Baltic Sea spring bloom ［J］. Frontiers in Microbiology,
2016, 7: 517.

［88］ STEELE J A, COUNTWAY P D, XIA L, et al. Marine bacterial, archaeal and protistan associ-
ation networks reveal ecological linkages ［J］. The ISME Journal, 2011, 5 (9): 1414-1425.

［89］ BOLAN N, BASKARAN S, THIAGARAJAN S. An evaluation of the methods of measurement of
dissolved organic carbon in soils, manures, sludges, and stream water ［J］. Communications
in Soil Science and Plant Analysis, 1996, 27 (13-14): 2723-2737.

［90］ SUN Z, LI G P, WANG C W, et al. Community dynamics of prokaryotic and eukaryotic mi-
crobes in an estuary reservoir ［J］. Scientific Reports, 2014, 4 (1): 1-8.

［91］ CAPORASO J G, LAUBER C L, WALTERS W A, et al. Ultra-high-throughput microbial
community analysis on the Illumina HiSeq and MiSeq platforms ［J］. The ISME Journal,
2012, 6 (8): 1621-1624.

［92］ EDGAR R C. UPARSE: highly accurate OTU sequences from microbial amplicon reads ［J］.
Nature Methods, 2013, 10 (10): 996-998.

［93］ SEGATA N, IZARD J, WALDRON L, et al. Metagenomic biomarker discovery and explanation
［J］. Genome Biology, 2011, 12 (6): 1-18.

［94］ BASTIAN M, HEYMANN S, JACOMY M. Gephi: an open source software for exploring and
manipulating networks ［C］. Proceedings of the International AAAI Conference on Web and
Social Media, 2009.

［95］ NEWMAN M E, BARABÁSI A L E, WATTS D J. The structure and dynamics of networks
［M］. Princeton: Princeton University Press, 2006: 21-44.

［96］ CUI L, LU X X, DONG Y L, et al. Relationship between phytoplankton community succession
and environmental parameters in Qinhuangdao coastal areas, China: a region with recurrent
brown tide outbreaks ［J］. Ecotoxicology and Environmental Safety, 2018, 159: 85-93.

［97］ SHANTHALA M, HOSMANI S P, HOSETTI B B. Diversity of phytoplanktons in a waste stabi-
lization pond at Shimoga Town, Karnataka State, India ［J］. Environmental Monitoring and
Assessment, 2009, 151 (1): 437-443.

［98］ ALLEN G R, SCHWARTZ F W, COLE D R, et al. Algal blooms in a freshwater reservoir-A network community detection analysis of potential forcing parameters ［J］. Ecological Informatics, 2020, 60: 101168.

［99］ WETZEL R G. Limnology: lake and river ecosystems ［J］. Eos Transactions American Geophysical Union, 2001, 21 （2）: 1-9.

［100］ ZHU J M, HONG Y G, ZADA S, et al. Spatial variability and co-acclimation of phytoplankton and bacterioplankton communities in the Pearl River Estuary, China ［J］. Frontiers in Microbiology, 2018, 9: 2503.

［101］ EILER A, HEINRICH F, BERTILSSON S. Coherent dynamics and association networks among lake bacterioplankton taxa ［J］. The ISME Journal, 2012, 6 （2）: 330-342.

［102］ ZHANG H H, ZONG R R, HE H Y, et al. Biogeographic distribution patterns of algal community in different urban lakes in China: insights into the dynamics and co-existence ［J］. Journal of Environmental Sciences, 2021, 100: 216-227.

［103］ ROSELLI L, BASSET A. Decoding size distribution patterns in marine and transitional water phytoplankton: from community to species level ［J］. PLoS One, 2015, 10 （5）: e0127193.

［104］ LITCHMAN E, KLAUSMEIER C A, SCHOFIELD O M, et al. The role of functional traits and trade-offs in structuring phytoplankton communities: scaling from cellular to ecosystem level ［J］. Ecology Letters, 2007, 10 （12）: 1170-1181.

［105］ MA B, WANG H, DSOUZA M, et al. Geographic patterns of co-occurrence network topological features for soil microbiota at continental scale in eastern China ［J］. The ISME Journal, 2016, 10 （8）: 1891-1901.

［106］ ZHU W T, QIN C X, MA H M, et al. Response of protist community dynamics and co-occurrence patterns to the construction of artificial reefs: a case study in Daya Bay, China ［J］. Science of the Total Environment, 2020, 742: 140575.

［107］ LIU L M, CHEN H H, LIU M, et al. Response of the eukaryotic plankton community to the cyanobacterial biomass cycle over 6 years in two subtropical reservoirs ［J］. The ISME Journal, 2019, 13 （9）: 2196-2208.

［108］ WEISS S, VAN TREUREN W, LOZUPONE C, et al. Correlation detection strategies in microbial data sets vary widely in sensitivity and precision ［J］. The ISME Journal, 2016, 10 （7）: 1669-1681.

［109］ SAVADOVA K. Response of freshwater bloom-forming planktonic cyanobacteria to global warming and nutrient increase ［J］. Botanica Lithuanica, 2014, 20 （1）: 57-63.

[110] HILLEBRAND H, STEINERT G, BOERSMA M, et al. Goldman revisited: faster－growing phytoplankton has lower N：P and lower stoichiometric flexibility ［J］. Limnology & Oceanography, 2013, 58 (6): 2076-2088.

[111] FOSTER R A, KUYPERS M M, VAGNER T, et al. Nitrogen fixation and transfer in open ocean diatom－cyanobacterial symbioses ［J］. The ISME Journal, 2011, 5 (9): 1484-1493.

[112] ZHANG S S, XU H Z, ZHANG Y F, et al. Variation of phytoplankton communities and their driving factors along a disturbed temperate river－to－sea ecosystem ［J］. Ecological Indicators, 2020, 118: 106776.

[113] 陈格君, 周文斌, 李美停, 等. 鄱阳湖氮磷营养盐对浮游植物群落影响研究 ［J］. 中国农村水利水电, 2013, 3: 48-52.

[114] 李亚力, 沈志良, 线薇微, 等. 长江口营养盐结构特征及其对浮游植物的限制 ［J］. 海洋科学, 2015, 39 (4): 125-134.

[115] BARKER P A, HURRELL E R, LENG M J, et al. Carbon cycling within an East African lake revealed by the carbon isotope composition of diatom silica: a 25-ka record from Lake Challa, Mt. Kilimanjaro ［J］. Quaternary Science Reviews, 2013, 66: 55-63.

[116] YANG J, WANG F, LV J P, et al. The spatiotemporal contribution of the phytoplankton community and environmental variables to the carbon sequestration potential in an urban river ［J］. Environmental Science and Pollution Research, 2019, 27 (4): 4814-4829.

[117] ISLAM M S, ALFASANE M A, KHONDKER M. Planktonic primary productivity of a eutrophic water body of Dhaka Metropolis, Bangladesh ［J］. Bangladesh Journal of Botany, 2012, 41 (2): 135-142.

[118] MYKLESTAD S M. Release of extracellular products by phytoplankton with special emphasis on polysaccharides ［J］. Science of the Total Environment, 1995, 165 (1-3): 155-164.

[119] GUO Q H, MA K M, YANG L, et al. A comparative study of the impact of species composition on a freshwater phytoplankton community using two contrasting biotic indices ［J］. Ecological Indicators, 2010, 10 (2): 296-302.

[120] 翁建中, 徐恒省. 中国常见淡水浮游藻类图谱 ［M］. 上海：上海科学技术出版社, 2010.

[121] CUTLER A, STEVENS J R. Random forests for microarrays ［J］. Methods in Enzymology, 2006, 411: 422-432.

[122] RODRIGUEZ-GALIANO V F, GHIMIRE B, ROGAN J, et al. An assessment of the effective-

ness of a random forest classifier for land-cover classification ［J］. ISPRS Journal of Photogrammetry and Remote Sensing, 2012, 67: 93-104.

［123］ O'CONNOR D J. The temporal and spatial distribution of dissolved oxygen in streams ［J］. Water Resources Research, 1967, 3 (1): 65-79.

［124］ GIORGIO P A D, PETERS R H. Balance between phytoplankton production and plankton respiration in lakes ［J］. Canadian Journal of Fisheries and Aquatic Sciences, 1993, 50 (2): 282-289.

［125］ 邹斌, 邹亚荣, 金振刚. 渤海海温与叶绿素季节空间变化特征分析 ［J］. 海洋科学进展, 2005, 23 (4): 487-492.

［126］ PAN C W, CHUANG Y L, CHOU L S, et al. Factors governing phytoplankton biomass and production in tropical estuaries of western Taiwan ［J］. Continental Shelf Research, 2016, 118: 88-99.

［127］ SHRESTHA S, KAZAMA F. Assessment of surface water quality using multivariate statistical techniques: a case study of the Fuji river basin, Japan ［J］. Environmental Modelling & Software, 2007, 22 (4): 464-475.

［128］ LIU W X, LI X D, SHEN Z G, et al. Multivariate statistical study of heavy metal enrichment in sediments of the Pearl River Estuary ［J］. Environmental Pollution, 2003, 121 (3): 377-388.

［129］ DASH A K, PRADHAN A. Growth and biochemical changes of the blue-green alga, *Anabaena doliolum* in domestic wastewater ［J］. International Journal of Scientific & Engineering Research, 2013, 4 (6): 2753-2758.

［130］ 张运林, 秦伯强, 陈伟民, 等. 太湖梅梁湾浮游植物叶绿素 a 和初级生产力 ［J］. 应用生态学报, 2004, 15 (11): 2127-2131.

［131］ 高姗. 基于遥感的南海初级生产力时空变化特征与环境影响因素研究 ［D］. 北京: 中国气象科学研究院, 2008.

［132］ STAEHR P A, SAND-JENSEN K. Seasonal changes in temperature and nutrient control of photosynthesis, respiration and growth of natural phytoplankton communities ［J］. Freshwater Biology, 2006, 51 (2): 249-262.

［133］ RHEE G Y, GOTHAM I J. The effect of environmental factors on phytoplankton growth: temperature and the interactions of temperature with nutrient limitation 1 ［J］. Limnology & Oceanography, 1981, 26 (4): 635-648.

[134] MARKAGER S, SAND-JENSEN K. The physiology and ecology of light-growth relationship in macroalgae [J]. Progress in Phycological Research, 1994, 10: 209.

[135] VONA V, DI MARTINO RIGANO V, LOBOSCO O, et al. Temperature responses of growth, photosynthesis, respiration and NADH: nitrate reductase in cryophilic and mesophilic algae [J]. New Phytologist, 2004, 163 (2): 325-331.

[136] LEWANDOWSKA A M, BREITHAUPT P, HILLEBRAND H, et al. Responses of primary productivity to increased temperature and phytoplankton diversity [J]. Journal of Sea Research, 2012, 72: 87-93.

[137] COLE J J, PACE M L, CARPENTER S R, et al. Persistence of net heterotrophy in lakes during nutrient addition and food web manipulations [J]. Limnology & Oceanography, 2000, 45 (8): 1718-1730.

[138] DAVISON I R. Environmental effects on algal photosynthesis: temperature [J]. Journal of Phycology, 1991, 27 (1): 2-8.

[139] GLÉ C, DEL AMO Y, SAUTOUR B, et al. Variability of nutrients and phytoplankton primary production in a shallow macrotidal coastal ecosystem (Arcachon Bay, France) [J]. Estuarine, Coastal and Shelf Science, 2008, 76 (3): 642-656.

[140] MACINTYRE H L, GEIDER R J. Regulation of Rubisco activity and its potential effect on photosynthesis during mixing in a turbid estuary [J]. Marine Ecology Progress Series, 1996, 144: 247-264.

[141] WANG Z C, LI D H, LI G W, et al. Mechanism of photosynthetic response in *Microcystis aeruginosa* PCC7806 to low inorganic phosphorus [J]. Harmful Algae, 2010, 9 (6): 613-619.

[142] SCHALLENBERG M. Aquatic photosynthesis [J]. Freshwater Biology, 2010, 53 (2): 423-423.

[143] LEHMAN P. The influence of phytoplankton community composition on primary productivity along the riverine to freshwater tidal continuum in the San Joaquin River, California [J]. Estuaries and Coasts, 2007, 30 (1): 82-93.

[144] SANDERMAN J, LOHSE K A, BALDOCK J A, et al. Linking soils and streams: sources and chemistry of dissolved organic matter in a small coastal watershed [J]. Water Resources Research, 2009, 45 (3): 1-13.

[145] DEL VECCHIO R, BLOUGH N V. Spatial and seasonal distribution of chromophoric dissolved

organic matter and dissolved organic carbon in the Middle Atlantic Bight［J］. Marine Chemistry, 2004, 89 (1-4): 169-187.

[146] 邵田田, 赵莹, 宋开山, 等. 辽河下游 CDOM 吸收与荧光特性的季节变化研究［J］. 环境科学, 2014, 35 (10): 3755-3763.

[147] 许金鑫. 城市河流溶解性有机质的光谱特征研究［D］. 上海: 上海师范大学, 2020.

[148] 王书航, 王雯雯, 姜霞, 等. 基于三维荧光光谱-平行因子分析技术的蠡湖 CDOM 分布特征［J］. 中国环境科学, 2016, 36 (2): 517-524.

[149] 卢松, 江韬, 张进忠, 等. 两个水库型湖泊中溶解性有机质三维荧光特征差异［J］. 中国环境科学, 2015, 35 (2): 516-523.

[150] 张运林, 秦伯强, 龚志军. 太湖有色可溶性有机物荧光的空间分布及其与吸收的关系［J］. 农业环境科学学报, 2006, 25 (5): 1337-1342.

[151] STEDMON C A, MARKAGER S, KAAS H. Optical properties and signatures of chromophoric dissolved organic matter (CDOM) in Danish coastal waters［J］. Estuarine, Coastal and Shelf Science, 2000, 51 (2): 267-278.

[152] HELMS J R, STUBBINS A, RITCHIE J D, et al. Absorption spectral slopes and slope ratios as indicators of molecular weight, source, and photobleaching of chromophoric dissolved organic matter［J］. Limnology & Oceanography, 2008, 53 (3): 955-969.

[153] 张广彩, 于会彬, 徐泽华, 等. 基于三维荧光光谱结合平行因子法的蘑菇湖上覆水溶解性有机质特征分析［J］. 生态与农村环境学报, 2019, 35 (7): 933-939.

[154] 程艳, 胡霞, 杜加强, 等. 西北内陆河城区段入河水体 CDOM 三维荧光光谱特征［J］. 中国环境科学, 2018, 38 (7): 2680-2690.

[155] ISHII S, BOYER T H. Behavior of reoccurring PARAFAC components in fluorescent dissolved organic matter in natural and engineered systems: a critical review［J］. Environmental Science & Technology, 2012, 46 (4): 2006-2017.

[156] YAMASHITA Y, JAFFÉ R, MAIE N, et al. Assessing the dynamics of dissolved organic matter (DOM) in coastal environments by excitation emission matrix fluorescence and parallel factor analysis (EEM-PARAFAC)［J］. Limnology & Oceanography, 2008, 53 (5): 1900-1908.

[157] 于会彬, 高红杰, 宋永会, 等. 城镇化河流 DOM 组成结构及与水质相关性研究［J］. 环境科学学报, 2016, 36 (2): 435-441.

[158] 李晓洁, 高红杰, 郭冀峰, 等. 三维荧光与平行因子研究黑臭河流 DOM［J］. 中国环境科学, 2018, 38 (1): 311-319.

［159］ HE W, HUR J. Conservative behavior of fluorescence EEM-PARAFAC components in resin fractionation processes and its applicability for characterizing dissolved organic matter ［J］. Water Research, 2015, 83: 217-226.

［160］ 李帅东, 张明礼, 杨浩, 等. 昆明松华坝库区表层土壤溶解性有机质（DOM）的光谱特性 ［J］. 光谱学与光谱分析, 2017, 37（4）: 1183-1188.

［161］ 靳百川, 蒋梦云, 白文荣, 等. 三维荧光光谱-平行因子法解析再生水补给人工湿地 DOM 的光谱特征 ［J］. 光谱学与光谱分析, 2021, 41（4）: 1240.

［162］ 席北斗, 魏自民, 赵越, 等. 垃圾渗滤液水溶性有机物荧光谱特性研究 ［J］. 光谱学与光谱分析, 2008, 28（11）: 2605-2608.

［163］ 蔡文良, 许晓毅, 罗固源, 等. 长江重庆段溶解性有机物的荧光特性分析 ［J］. 环境化学, 2012, 31（7）: 1003-1008.

［164］ MCKNIGHT D M, BOYER E W, WESTERHOFF P K, et al. Spectrofluorometric characterization of dissolved organic matter for indication of precursor organic material and aromaticity ［J］. Limnology & Oceanography, 2001, 46（1）: 38-48.

［165］ 刘跃, 贺秋芳, 刘宁坤, 等. 岩溶地表河旱季有色溶解有机质组成及来源: 以金佛山碧潭河为例 ［J］. 环境科学, 2018, 39（6）: 2651-2660.

［166］ 刘堰杨, 秦纪洪, 刘琛, 等. 基于三维荧光及平行因子分析的川西高原河流水体 CDOM 特征 ［J］. 环境科学, 2018, 39（2）: 720-728.

［167］ HUGUET A, VACHER L, RELEXANS S, et al. Properties of fluorescent dissolved organic matter in the Gironde Estuary ［J］. Organic Geochemistry, 2009, 40（6）: 706-719.

［168］ ZHANG Y, ZHANG E, YIN Y, et al. Characteristics and sources of chromophoric dissolved organic matter in lakes of the Yungui Plateau, China, differing in trophic state and altitude ［J］. Limnology & Oceanography, 2010, 55（6）: 2645-2659.

［169］ 焦念志, 张传伦, 李超, 等. 海洋微型生物碳泵储碳机制及气候效应 ［J］. 中国科学: 地球科学, 2013, 43（1）: 1-18.

［170］ SMART P, FINLAYSON B, RYLANDS W, et al. The relation of fluorescence to dissolved organic carbon in surface waters ［J］. Water Research, 1976, 10（9）: 805-811.

［171］ 宋晓娜, 于涛, 张远, 等. 利用三维荧光技术分析太湖水体溶解性有机质的分布特征及来源 ［J］. 环境科学学报, 2010, 30（11）: 2321-2331.

［172］ FALKOWSKI P, SCHOLES R, BOYLE E, et al. The global carbon cycle: a test of our knowledge of earth as a system ［J］. Science, 2000, 290（5490）: 291-296.

［173］ 夏学齐, 杨忠芳, 王亚平, 等. 长江水系河水主要离子化学特征［J］. 地学前缘, 2008, 15（5）: 194-202.

［174］ LIAN B, YUAN D X, LIU Z H. Effect of microbes on karstification in karst ecosystems［J］. Chinese Science Bulletin, 2011, 56（35）: 3743-3747.

［175］ LI W, CHEN W S, ZHOU P P, et al. Influence of enzyme concentration on bio-sequestration of CO_2 in carbonate form using bacterial carbonic anhydrase［J］. Chemical Engineering Journal, 2013, 232: 149-156.

［176］ 肖雷雷. 碳酸酐酶参与矿物—微生物相互作用的分子证据及矿物风化的碳汇效应［D］. 南京: 南京师范大学, 2015.

［177］ 袁希功, 黄文敏, 毕永红, 等. 香溪河库湾春季 pCO_2 与浮游植物生物量的关系［J］. 环境科学, 2013, 34（5）: 1754-1760.

［178］ WILBUR K M, ANDERSON N G. Electrometric and colorimetric determination of carbonic anhydrase［J］. Journal of Biological Chemistry, 1948, 176（1）: 147-154.

［179］ LASAGA A C, SOLER J M, GANOR J, et al. Chemical weathering rate laws and global geochemical cycles［J］. Geochimica ET Cosmochimica Acta, 1994, 58（10）: 2361-2386.

［180］ TIAN Y, YU C Q, ZHA X J, et al. Hydrochemical characteristics and controlling factors of natural water in the border areas of the Qinghai-Tibet Plateau［J］. Journal of Geographical Sciences, 2019, 29（11）: 1876-1894.

［181］ VENGOSH A, ROSENTHAL E. Saline groundwater in Israel: its bearing on the water crisis in the country［J］. Journal of Hydrology, 1994, 156（1-4）: 389-430.

［182］ GAO Z, HAN C, XU Y, et al. Assessment of the water quality of groundwater in Bohai Rim and the controlling factors-a case study of northern Shandong Peninsula, north China［J］. Environmental Pollution, 2021, 285: 117482.

［183］ JIA H, QIAN H, ZHENG L, et al. Alterations to groundwater chemistry due to modern water transfer for irrigation over decades［J］. Science of the Total Environment, 2020, 717: 137170.

［184］ PANT R R, ZHANG F, REHMAN F U, et al. Spatiotemporal variations of hydrogeochemistry and its controlling factors in the Gandaki River Basin, Central Himalaya Nepal［J］. Science of the Total Environment, 2018, 622: 770-782.

［185］ HOU Z H, XU H, AN Z S. Major ion chemistry of waters in Lake Qinghai catchment and the possible controls［J］. Earth and Environment, 2009, 37（1）: 11-19.

[186] ZHU L P, JU J T, WANG Y, et al. Composition, spatial distribution, and environmental significance of water ions in Pumayum Co catchment, southern Tibet [J]. Journal of Geographical Sciences, 2010, 20 (1): 109-120.

[187] SARIN M, KRISHNASWAMI S. Major ion chemistry of the Ganga-Brahmaputra river systems, India [J]. Nature, 1984, 312 (5994): 538-541.

[188] HUA K, XIAO J, LI S J, et al. Analysis of hydrochemical characteristics and their controlling factors in the Fen River of China [J]. Sustainable Cities and Society, 2020, 52: 101827.

[189] MENG Z L, YANG Y G, QIN Z D, et al. Evaluating temporal and spatial variation in nitrogen sources along the lower reach of Fenhe River (Shanxi Province, China) using stable isotope and hydrochemical tracers [J]. Water, 2018, 10 (2): 231.

[190] NOH H, HUH Y, QIN J, et al. Chemical weathering in the Three Rivers region of Eastern Tibet [J]. Geochimica ET Cosmochimica Acta, 2009, 73 (7): 1857-1877.

[191] SIKDAR P, SARKAR S, PALCHOUDHURY S. Geochemical evolution of groundwater in the Quaternary aquifer of Calcutta and Howrah, India [J]. Journal of Asian Earth Sciences, 2001, 19 (5): 579-594.

[192] TORTELL P D, RAU G H, MOREL F M. Inorganic carbon acquisition in coastal Pacific phytoplankton communities [J]. Limnology & Oceanography, 2000, 45 (7): 1485-1500.

[193] 党慧慧, 董军, 岳宁, 等. 贺兰山以北乌兰布和沙漠地下水水化学特征演化规律研究 [J]. 冰川冻土, 2015, 37 (3): 793-802.

[194] SHI X L, LI S N, WEI L J, et al. CO_2 alters community composition of freshwater phytoplankton: a microcosm experiment [J]. Science of the Total Environment, 2017, 607: 69-77.

[195] SAKSENA D, GARG R, RAO R. Water quality and pollution status of Chambal river in National Chambal sanctuary, Madhya Pradesh [J]. Journal of Environmental Biology, 2008, 29 (5): 701-710.

[196] LI S Y, LU X X, BUSH R T. CO_2 partial pressure and CO_2 emission in the Lower Mekong River [J]. Journal of Hydrology, 2013, 504: 40-56.

[197] YAO G R, GAO Q Z, WANG Z G, et al. Dynamics of CO_2 partial pressure and CO_2 outgassing in the lower reaches of the Xijiang River, a subtropical monsoon river in China [J]. Science of the Total Environment, 2007, 376 (1-3): 255-266.

[198] COLE J J, CARACO N F. Carbon in catchments: connecting terrestrial carbon losses with aquatic metabolism [J]. Marine and Freshwater Research, 2001, 52 (1): 101-110.

［199］ 张陶, 李建鸿, 蒲俊兵, 等. 桂江流域夏季水-气界面 CO_2 脱气的空间变化及其影响因素 ［J］. 环境科学, 2017, 38（7）: 2773-2783.

［200］ RIEBESELL U, WOLF-GLADROW D, SMETACEK V. Carbon dioxide limitation of marine phytoplankton growth rates ［J］. Nature, 1993, 361（6409）: 249-251.

［201］ SOMMER U, PETER K H, GENITSARIS S, et al. Do marine phytoplankton follow Bergmann's rule *sensu lato*? ［J］. Biological Reviews, 2017, 92（2）: 1011-1026.

［202］ MAUGENDRE L, GATTUSO J P, POULTON A, et al. No detectable effect of ocean acidification on plankton metabolism in the NW oligotrophic Mediterranean Sea: results from two mesocosm studies ［J］. Estuarine, Coastal and Shelf Science, 2017, 186: 89-99.

［203］ MALLOZZI A J, ERRERA R M, BARGU S, et al. Impacts of elevated pCO$_2$ on estuarine phytoplankton biomass and community structure in two biogeochemically distinct systems in Louisiana, USA ［J］. Journal of Experimental Marine Biology and Ecology, 2019, 511: 28-39.

［204］ CLEMENT R, JENSEN E, PRIORETTI L, et al. Diversity of CO_2-concentrating mechanisms and responses to CO_2 concentration in marine and freshwater diatoms ［J］. Journal of Experimental Botany, 2017, 68（14）: 3925-3935.

［205］ BISWAS H, ALEXANDER C, YADAV K, et al. The response of a natural phytoplankton community from the Godavari River Estuary to increasing CO_2 concentration during the pre-monsoon period ［J］. Journal of Experimental Marine Biology and Ecology, 2011, 407（2）: 284-293.

［206］ WANG B L, LIU C Q, WANG F S, et al. A decrease in pH downstream from the hydroelectric dam in relation to the carbon biogeochemical cycle ［J］. Environmental Earth Sciences, 2015, 73（9）: 5299-5306.

［207］ FU F X, WARNER M E, ZHANG Y, et al. Effects of Increased temperature and CO_2 on photosynthesis, growth, and elemental ratios in marine *Synechococcus* and *Prochlorococcus*（cyanobacteria）［J］. Journal of Phycology, 2007, 43（3）: 485-496.

［208］ O'NEIL J, DAVIS T, BURFORD M, et al. The rise of harmful cyanobacteria blooms: the potential roles of eutrophication and climate change ［J］. Harmful Algae, 2012, 14: 313-334.

［209］ SHI X L, ZHAO X H, ZHANG M, et al. The responses of phytoplankton communities to elevated CO_2 show seasonal variations in the highly eutrophic Lake Taihu ［J］. Canadian Journal of Fisheries and Aquatic Sciences, 2016, 73（5）: 727-736.

［210］ CHINNASAMY S, RAMAKRISHNAN B, BHATNAGAR A, et al. Carbon and nitrogen fixation by *Anabaena fertilissima* under elevated CO_2 and temperature [J]. Journal of Freshwater Ecology, 2009, 24 (4): 587-596.

[211] ROST B, RIEBESELL U, BURKHARDT S, et al. Carbon acquisition of bloom-forming marine phytoplankton [J]. Limnology & Oceanography, 2003, 48 (1): 55-67.

[212] TORTELL P D, PAYNE C D, LI Y, et al. CO_2 sensitivity of Southern Ocean phytoplankton [J]. Geophysical Research Letters, 2008, 35 (4): L04605.

[213] TORTELL P D, MOREL F M. Sources of inorganic carbon for phytoplankton in the eastern subtropical and equatorial Pacific Ocean [J]. Limnology & Oceanography, 2002, 47 (4): 1012-1022.

[214] LOW-DÉCARIE E, BELL G, FUSSMANN G F. CO_2 alters community composition and response to nutrient enrichment of freshwater phytoplankton [J]. Oecologia, 2015, 177 (3): 875-883.

[215] VERSCHOOR A M, VAN DIJK M A, HUISMAN J, et al. Elevated CO_2 concentrations affect the elemental stoichiometry and species composition of an experimental phytoplankton community [J]. Freshwater Biology, 2013, 58 (3): 597-611.

[216] SMITH K S, FERRY J G. Prokaryotic carbonic anhydrases [J]. FEMS Microbiology Reviews, 2000, 24 (4): 335-366.

[217] LI W, YU L J, HE Q F, et al. Effects of microbes and their carbonic anhydrase on Ca^{2+} and Mg^{2+} migration in column-built leached soil-limestone karst systems [J]. Applied Soil Ecology, 2005, 29 (3): 274-281.

[218] NZUNG'A S O, PAN W, SHEN T, et al. Comparative study of carbonic anhydrase activity in waters among different geological eco-environments of Yangtze River basin and its ecological significance [J]. Journal of Environmental Sciences, 2018, 66: 173-181.

[219] VILLAFUERTE F C, SWIETACH P, PATIAR S, et al. Comparison of pH-dependence of carbonic anhydrase activity in vitro and in living cells [J]. Biophysical Journal, 2009, 96 (3): 625a.

[220] DREYBRODT W, LAUCKNER J, ZAIHUA L, et al. The kinetics of the reaction $CO_2 + H_2O \rightarrow H^+ + HCO_3^-$ as one of the rate limiting steps for the dissolution of calcite in the system $H_2O-CO_2-CaCO_3$ [J]. Geochimica ET Cosmochimica Acta, 1996, 60 (18): 3375-3381.

[221] LIU Z H. New progress and prospects in the study of rock-weathering-related carbon sinks [J]. Chinese Science Bulletin, 2012, 57 (2-3): 95-102.

［222］ LERMAN A, MACKENZIE F T. CO_2 air-sea exchange due to calcium carbonate and organic matter storage, and its implications for the global carbon cycle ［J］. Aquatic Geochemistry, 2005, 11 (4): 345-390.

［223］ 王玮蔚, 孙雪, 王冬梅, 等. 盐度和无机碳对蛋白核小球藻生长、胞外碳酸酐酶活性及其基因表达的影响 ［J］. 水产学报, 2014, 38 (7): 920-928.

［224］ KNOTTS E R, PINCKNEY J L. Effects of carbonic anhydrase inhibition on biomass and primary production of estuarine benthic microalgal communities ［J］. Journal of Experimental Marine Biology and Ecology, 2019, 518: 151179.

［225］ DIMARIO R J, MACHINGURA M C, WALDROP G L, et al. The many types of carbonic anhydrases in photosynthetic organisms ［J］. Plant Science, 2018, 268: 11-17.

［226］ Knotts E R, Pinckney J L. Carbonic anhydrase regulation of plankton community structure in estuarine systems ［J］. Aquatic Microbial Ecology, 2018, 82 (1): 73-85.

［227］ TORTELL P D, MARTIN C L, CORKUM M E. Inorganic carbon uptake and intracellular assimilation by subarctic Pacific phytoplankton assemblages ［J］. Limnology & Oceanography, 2006, 51 (5): 2102-2110.

［228］ KIMPEL D L, TOGASAKI R K, MIYACHI S. Carbonic anhydrase in *Chlamydomonas reinhardtii* I. Localization ［J］. Plant and Cell Physiology, 1983, 24 (2): 255-259.

［229］ 陶羽. 混合微藻碳酸酐酶的环境调控及菌藻共生体系研究 ［D］. 哈尔滨: 哈尔滨工程大学, 2013.